"十二五"职业教育国家规划教材
经全国职业教育教材审定委员会审定
动漫与游戏设计专业

数字影音处理——Premiere Pro CC 非线性编辑

Shuzi Yingyin Chuli——Premiere Pro CC
Feixianxing Bianji

（第4版）

主　编　赵英杰

副主编　王　庚

高等教育出版社·北京

内容简介

　　本书是"十二五"职业教育国家规划教材，依据中等职业学校动漫与游戏设计专业教学标准，并参照动漫与游戏设计相关行业标准编写。

　　本书采用任务驱动的方法，将 Premiere Pro CC 软件学习与视频编辑工作密切结合。全书通过详细剖析实战案例，引导学生循序渐进地学习视频编辑人员必须掌握的相关操作。内容包括"视频基本操作""制作视频转场""应用视频效果""应用音频技术""制作视频字幕"和"精彩视频实例"。

　　本书配有网络教学资源，请登录 Abook 网站 http://abook.hep.com.cn/sve 获取相关资源。详细说明见本书末"郑重声明"页。

　　本书内容由浅入深、通俗易懂，可作为中等职业学校动漫与游戏设计及相关专业视频编辑课程的教材，也可以作为各种影视后期培训班的教学用书，还可以供相关制作人员和视频编辑爱好者学习或参考使用。

图书在版编目（C I P）数据

数字影音处理：Premiere Pro CC 非线性编辑 / 赵
英杰主编. -- 4 版. -- 北京：高等教育出版社，2021.9（2022.9重印）
　动漫与游戏设计专业
　ISBN 978-7-04-056436-5

　Ⅰ.①数… Ⅱ.①赵… Ⅲ.①视频编辑软件-中等专
业学校-教材 Ⅳ.①TN94

　　中国版本图书馆 CIP 数据核字（2021）第 131942 号

策划编辑	赵美琪	责任编辑	赵美琪	封面设计	王　琰	版式设计	童　丹
责任校对	刘　莉	责任印制	存　怡				

出版发行	高等教育出版社	网　　址	http://www.hep.edu.cn	
社　　址	北京市西城区德外大街 4 号		http://www.hep.com.cn	
邮政编码	100120	网上订购	http://www.hepmall.com.cn	
印　　刷	北京市大天乐投资管理有限公司		http://www.hepmall.com	
开　　本	889mm×1194mm　1/16		http://www.hepmall.cn	
印　　张	17.25			
字　　数	350 千字	版　　次	2009 年 6 月第 1 版	
插　　页	2		2021 年 9 月第 4 版	
购书热线	010-58581118	印　　次	2022 年 9 月第 3 次印刷	
咨询电话	400-810-0598	定　　价	35.60 元	

前　言

本书是"十二五"职业教育国家规划教材，依据中等职业学校动漫与游戏设计专业教学标准，并参照动漫与游戏设计相关行业标准编写。

Adobe 公司推出的非线性视频编辑软件 Premiere Pro CC 操作界面合理，兼顾广大视频编辑用户的不同需求，其视频编辑工具箱具有强大的生产能力、控制能力和灵活性，它作为一个功能强大的实时音频和视频编辑工具，应用范围广泛，是目前使用最多的视频编辑软件之一。

本书在总结一线教学经验的基础上，根据职业岗位工作的实际需要，将软件知识学习和视频编辑实例密切地结合。全书遵循学生的认知规律，采用"行动导向，任务驱动"的方法，通过"做中学""学中做"，让学生在自主学习、解决实际问题的过程中逐步提高专业技能，感受成功，增强自信。

本书基本保留了上一版的结构和框架，主要在以下几方面进行了修订。

1. 为便于学生掌握较新的软件和技术，尤其考虑到职业学校学生的实际认知情况，本书使用 Premiere Pro CC 中文版，以便于教师传授和学生理解，学生参照图示即可完成操作。

2. 每个学习任务后都设有加强和巩固知识内容的练习操作，为了指导学生能够顺利完成"举一反三"项目，本次修订增加了该部分的内容提示，以便学生在练习操作时进行参考。

3. 由于软件版本变化的原因，软件的界面和命令发生了部分变化，本次修订进行了相应修改，按照书中步骤可以快速熟悉软件与以前版本的变化，以便学生在练习操作时，能延续原有操作习惯，快速、便捷地对软件进行设置。

4. 本次修订结合 Premiere Pro CC 软件新增功能，对原书的教学内容进行了增减，删减了部分过于陈旧的内容，在第四单元、第五单元中，结合软件"效果"面板中的新增效果，增添了新的内容，并结合当前手机短视频、微电影、互联网小视频、VR 视频制作等新的视频制作需求，对教学内容进行了重新设计，在第一单元中新增"任务七　画面重构"，在第六单元中新增"任务二　VR 视频""任务四　眼中世界"，使学生能够快速掌握全新的软件操作技能，方便学生提升软件操作水平。

全书共分为 6 个单元，不但保留了上一版内容简洁、案例经典的特点，而且力求做到理论与实践应用相结合，符合职业院校人才培养的教学要求。

本书建议总学时为 64 学时，具体分配如下。

学 时 表

单　　元	内　　容	学　　时
第一单元	视频基本操作	8
第二单元	制作视频转场	8
第三单元	应用视频效果	12
第四单元	应用音频技术	8
第五单元	制作视频字幕	8
第六单元	精彩视频实例	20
合　　计		64

　　本书配有网络教学资源，请登录 Abook 网站 http://abook. hep. com. cn/sve 获取相关资源。详细说明见本书末"郑重声明"页。

　　本书由赵英杰任主编，王庚任副主编。在编写过程中，还得到了相关企业人员的指导和帮助，在此一并表示感谢。

　　由于编者水平有限，书中难免存在一些疏漏和不足之处，恳请广大师生批评指正，以便我们修改和完善。读者意见反馈邮箱：zz_dzxj@ pud. hep. cn。

编者

2021 年 3 月

目　　录

视频基本操作

Premiere Pro CC 是 Adobe 公司推出的一款非线性音视频编辑软件，可以在各种平台下和硬件配合使用，被广泛地应用于电视节目制作、广告制作、电影剪辑等领域。经过多年的发展和更新，Premiere 成为适用于电影、电视和 Web 的业界领先的音视频编辑软件之一，适用于 PC 和 MAC 平台。它的功能非常强大，提供多种创意工具，且与 Adobe 其他应用程序和服务紧密集成，在各种影视制作编辑中，为高质量的音视频制作提供了完整的解决方案，在业内受到了广大专业人员和爱好者的好评。

任 务 一 基 础 流 程

 任务描述

Premiere 是一款功能强大的非线性编辑软件，但操作起来并不复杂。使用 Premiere 对任何用于广播、影视、网络的素材进行制作，其制作都会遵循一个相似的工作流程。

本任务通过对新建工作项目、导入编辑用素材、利用工具进行剪辑的简单示范，介绍使用 Premiere 对影视素材进行加工制作的简单流程。通过对本任务的学习，会发现使用 Premiere 进行影视编辑是很简单、很轻松的，而这个流程也是以后使用 Premiere 进行影视编辑的基本工作流程。

知识点：新建工作项目、导入编辑用素材、利用工具进行剪辑。

 自己动手

新建工程文件：

1. 启动 Premiere 软件，会出现 Premiere 欢迎界面，可以选择在界面上单击"新建项目"按钮，打开"新建项目"对话框，新建一个工程文件；或者单击"打开项目"按钮，打开以前保存的工程文件。单击"新建项目"按钮，选择建立新的工程文件，如图 1-1 所示。

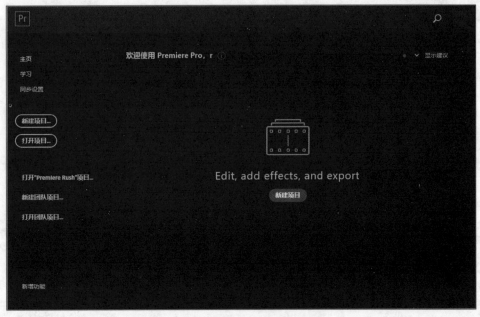

图 1-1　建立新的工程文件

2. 在"新建项目"对话框中选择"常规"选项卡，首先设置"视频""音频"和"捕捉"选项，如图 1-2 所示。

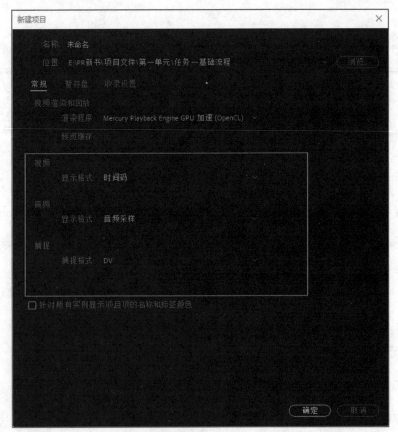

图 1-2　设置"视频""音频"和"捕捉"选项

3. 在"位置"选项的右侧单击"浏览"按钮，打开浏览文件夹对话框，新建或选择存放工程文件的目标文件夹。这里选择文件夹"任务一基础流程"，如图1-3所示。

图1-3 选择目标文件夹

4. 在对话框上方的"名称"文本框中输入所建工程文件的名称"基础流程"，项目设置完成后，单击"确定"按钮，如图1-4所示。

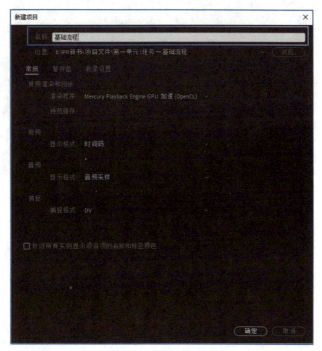

图1-4 输入所建工程文件的名称

5. 进入 Premiere 的编辑界面，如图 1-5 所示。

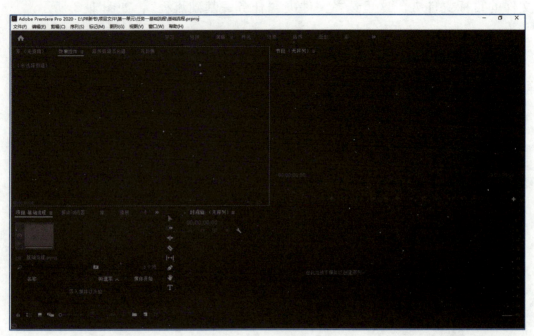

图 1-5 进入编辑界面

6. 为更直观地浏览导入的素材文件，可以用鼠标拖动工具面板至软件界面最上方，拖动项目窗口至软件界面左上角，如图 1-6 所示。

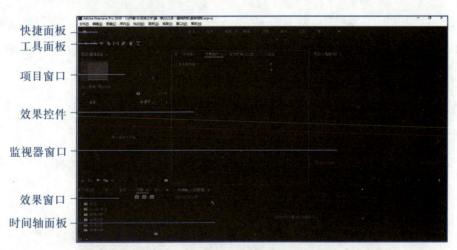

图 1-6 调整软件窗口

7. 选择菜单"窗口"→"工作区"→"另存为新工作区"命令，将调整后的工作区保存为新工作区，在弹出的"新建工作区"对话框中的"名称"文本框中输入新建工作区的名称"方便的工作区"，这时在"工作区"面板上出现新建的工作区名称"方便的工作区"，如图 1-7 所示。

8. 在"工作区"面板中选择编辑界面，选择菜单"窗口"→"工作区"→"重置为保存的布局"命令，将调整后的编辑工作区恢复为默认状态，如图 1-8 所示。

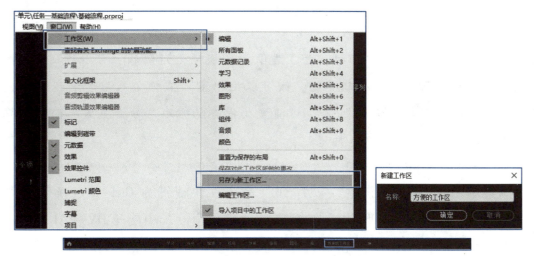

图 1-7 建立新的工作区

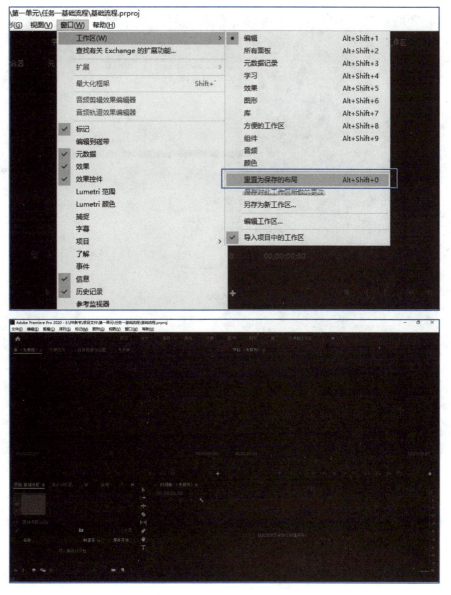

图 1-8 恢复工作区默认状态

提个醒

　　在进入 Premiere 的编辑界面时，为了方便对音视频进行编辑，可以通过"工作区"面板根据不同的编辑需求选择编辑界面。既可以拖动窗口依据个人习惯进行排列，也可以选择菜单栏中的"窗口"→"工作区"→"重置为保存的布局"命令重置界面，把界面恢复至默认模式。

　　9. 选择菜单"文件"→"新建"→"序列"命令（快捷键为 Ctrl+N）新建序列，打开"新建序列"对话框，在"序列预设"选项卡的"可用预设"中展开 DV-PAL，选择国内电视制式通用的"标准 48 kHz"，单击"确定"按钮完成序列的创建，如图 1-9 所示。

图 1-9　选择制式新建序列

导入素材文件：

　　10. 选择菜单"文件"→"导入"命令（快捷键为 Ctrl+I），在弹出的"导入"对话框中选择图片素材"花 1. TIF"～"花 5. TIF"和音频素材"音频 01.wav"，单击"打开"按钮导入素材，如图 1-10 所示。

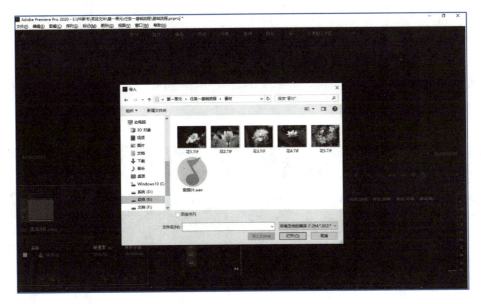

图 1-10　导入素材文件

 提个醒

　　当从项目窗口中一次性向素材区导入多个文件时，素材选择的先后顺序会影响导入到素材区的先后顺序，先选择的素材会排在前列。如果需要按照顺序一次性选择多个文件导入，可以按住 Ctrl 键不放，用鼠标按顺序单击素材文件夹中的素材文件，选择完毕后再放开 Ctrl 键。

　　11. 查看素材，这是 5 张 TIF 格式的图像文件，素材图为 5 张花的照片，如图 1-11 所示。

图 1-11　查看素材图

将素材文件放到序列面板的 V1 轨道上：

12. 从项目窗口中选择"花1. TIF"，将其拖入"序列01"面板的 V1 轨道中，并用同样的操作从项目窗口中再拖4次，将其他4张图片接连排列在 V1 轨道中。此时放置了5段视频，每段为5秒，时间总长度为25秒，如图1-12所示。

图 1-12　把素材图拖入时间序列

 提个醒

如果把素材文件拖入视频轨道后发现文件在轨道上显示太短，可以拖动轨道最下方的显示区域条滑块的左侧或右侧调节点，对素材文件的显示进行放大或缩小，方便对素材进行编辑，这样做并不影响素材文件的实际长度。

13. 选择音频文件"音频01.wav"，将其拖至"序列01"面板的 A1 轨道中，可以看到"音频01.wav"的长度为10秒，V1 轨道和 A1 轨道素材不等长，如图1-13所示。

图 1-13　拖入音频文件

对素材进行简单编辑：

14. 在 V1 轨道中选择素材"花2. TIF"向前拖动，调整整个视频素材的时间长度，如图1-14所示。

图 1-14　拖动素材调整时间长度

15. 逐个向前拖动素材"花3.TIF""花4.TIF""花5.TIF"，使V1轨道上视频素材的时间长度与A1轨道上的音频素材时间长度相一致，如图1-15所示。

图1-15　使素材时间长度一致

完成导出：

16. 完成编辑后，选择菜单"文件"→"导出"→"媒体"命令，如图1-16所示，打开"导出设置"对话框。

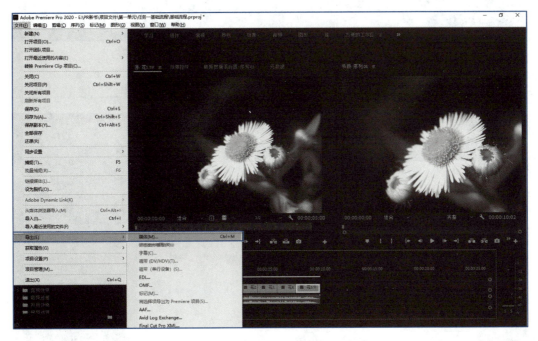

图1-16　导出命令

17. 在打开的"导出设置"对话框中，单击"输出名称"文本框后面的文字"序列01.avi"，如图1-17所示。

18. 在弹出的"另存为"对话框中设置影片存储的位置和名称，单击"保存"按钮，如图1-18所示。

19. 单击"导出设置"对话框中的"导出"按钮，导出影片，如图1-19所示。

图 1-17　"导出设置"对话框

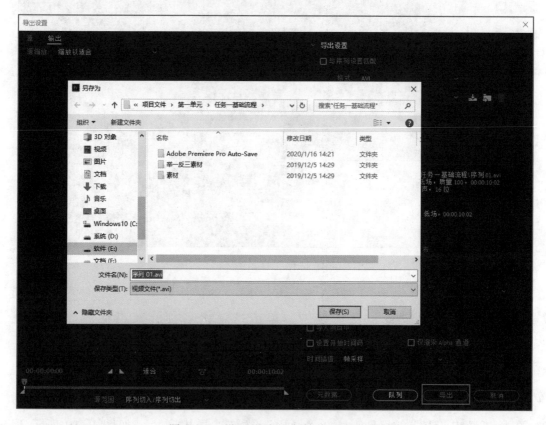

图 1-18　设置影片的存储位置和名称

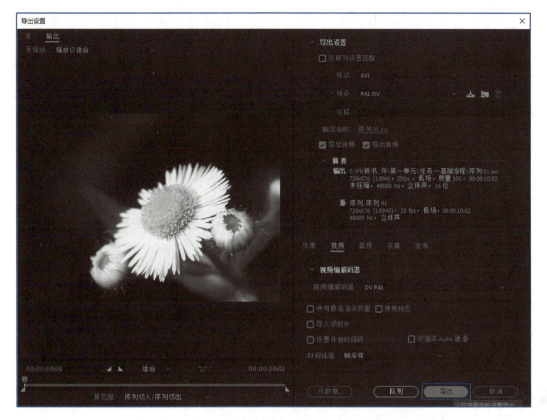

图 1-19　导出影片

 举一反三

　　新建一个工程文件，按照本例进行一遍基础流程的操作。（本任务练习 Premiere 的简单操作流程，包括建立新的项目文件、对项目文件进行设置、素材的简单编辑与视频导出。）

任 务 二　视 频 编 辑

 任务描述

　　本任务主要介绍三点编辑和四点编辑的具体操作方法。三点编辑和四点编辑是视频编辑的专业术语，是指对源素材的剪辑方法。所谓的"三点"和"四点"是指素材入点和出点的个数，这两种剪辑方式可以在序列面板中的轨道上精确地插入或者替换素材。这两种操作看似复杂，其实难度不大。这里使用两个实例对三点编辑和四点编辑的操作进行讲解，方便大家对此知识点的理解和掌握。

　　知识点：三点编辑、四点编辑。

自己动手

新建工程文件：

1. 启动 Premiere 软件，单击"新建项目"按钮，新建一个工程文件，打开"新建项目"对话框。

2. 在"新建项目"对话框中选择"常规"选项卡，首先设置"视频""音频"和"捕捉"选项，在"位置"选项的右侧单击"浏览"按钮，打开浏览文件夹对话框，新建或选择存放工程文件的目标文件夹，在对话框上方的"名称"文本框中输入所建工程文件的名称"视频编辑"，项目设置完成后，单击"确定"按钮。

3. 打开"新建序列"对话框，在"序列预设"选项卡的"可用预设"中展开 DV-PAL，选择国内电视制式通用的"标准 48 kHz"。进入 Premiere 的编辑界面。

导入素材文件：

4. 选择菜单"文件"→"导入"命令，在弹出的"导入"对话框中选择"音频 02.wav"导入到工程文件，如图 1-20 所示。

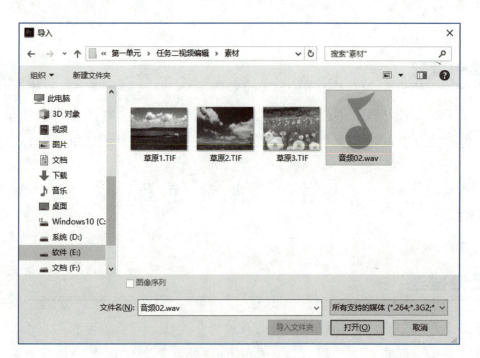

图 1-20　导入音频文件

5. 查看素材，这是一个时间长度为 14 秒多的音频文件，素材为一段古典音乐。可以在项目窗口中对导入的音频文件进行预览，单击"播放"按钮进行播放。同样导入需要使用的"草原 1.TIF""草原 2.TIF"和"草原 3.TIF"文件并进行预览，如图 1-21 所示。

图 1-21　预览素材

小知识

　　在项目窗口中选中某一个素材文件后，在项目窗口上方的缩略图旁会显示素材相关的信息，包括尺寸、时间长度等。将项目窗口向右扩展或拖动下部的滑块可以查看有关素材更多的信息，如图 1-22 所示。也可以在素材文件名上右击，在弹出的菜单中选择"属性"命令来查看其属性信息。

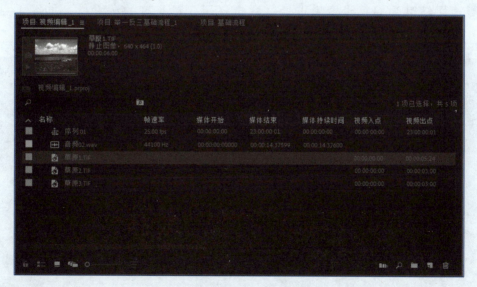

图 1-22　查看素材信息

将素材文件放到序列面板的轨道上：

　　6. 从项目窗口中选择"音频 02.wav"，将其拖入"序列 01"面板的 A1 轨道中，并用同样的操作从项目窗口中拖动"草原 1.TIF"到 V1 轨道中。可以看到 V1 轨道和 A1 轨道中的素材时间长度不一致，如图1-23所示。

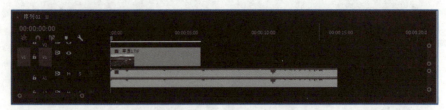

图1-23 把素材拖入"序列01"面板的轨道

7. 选择V1轨道中的素材"草原1. TIF"，并将其长度也拖至14秒21帧，这样使V1轨道和A1轨道中的素材时间长度相一致，如图1-24所示。

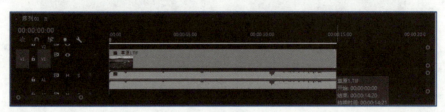

图1-24 调整素材时长

四点编辑：

8. 双击项目窗口中的"草原2. TIF"文件，将其在源素材监视器窗口中打开，在第0秒位置单击源素材窗口中的"入点"按钮█（快捷键为I）设置入点，在第3秒处单击"出点"按钮█（快捷键为O）设置出点，这样定义了3秒长度的源素材，如图1-25所示。

图1-25 定义源素材的入点和出点

9. 在时间轴上，将时间指针移至第5秒处，按I键设置入点，将时间指针移至7秒处，按O键设置出点，如图1-26所示。

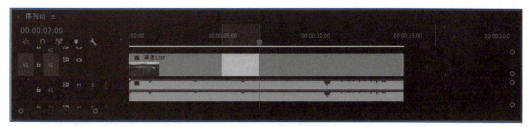

图 1-26　设置时间轴上素材的出点和入点

10. 在源素材监视器窗口中单击"覆盖"按钮 ，用源素材监视器窗口中时间长度为 3 秒的"草原 2. TIF"素材覆盖 V1 轨道中设置的时间长度为 2 秒的部分，如图 1-27 所示。

图 1-27　利用四点编辑插入素材

11. 如果两段素材所设置的出入点的时间长度一致，则在源素材监视器窗口中的素材会顺利地覆盖轨道上的素材。因为这里源素材监视器窗口中的素材设置的出入点时间长度长于轨道上素材出入点设置的时间长度，所以 Premiere 会弹出一个提示。选择"适合剪辑"对话框中的"更改剪辑速度（适合填充）"单选按钮以匹配目标的长度，单击"确定"按钮进行文件替换，如图 1-28 所示。

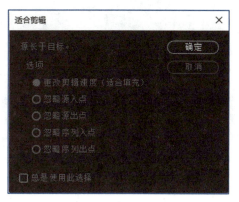

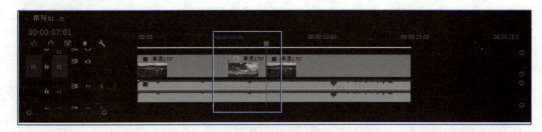

图 1-28　设置插入素材

 提个醒

"适合剪辑"对话框中第 1 项为"更改剪辑速度（适合填充）"，第 2 项为"忽略源入点"（去除来源的前一部分），第 3 项为"忽略源出点"（去除来源的后一部分），第 4 项为"忽略序列入点"，第 5 项为"忽略序列出点"。

三点编辑：

12. 选择菜单"文件"→"导入"命令导入素材。

13. 双击新导入的文件"草原 3.TIF"，使其出现在源素材监视器窗口中，在第 0 秒处按 I 键设置入点，在第 3 秒处按 O 键设置出点，这样就定义一个时间长度为 3 秒的来源文件，如图 1-29 所示。

图 1-29　设置来源文件

14. 在时间轴上，把时间指针移动到第 7 秒位置，按 I 键设置入点。

15. 在源素材监视器窗口中，单击"覆盖"按钮 ，将来源覆盖到目标视频上，如图 1–30 所示。

图 1–30　利用三点编辑插入素材

📖 **小知识**

　　三点编辑和四点编辑的差别在于四点编辑比三点编辑多出一个出点，图 1–31 很好地解释了三点编辑和四点编辑的差别。

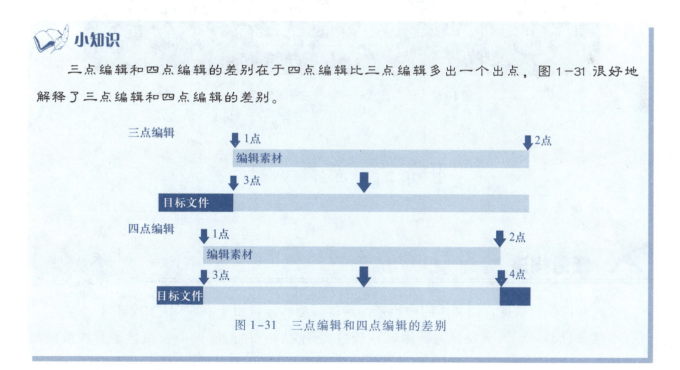

图 1–31　三点编辑和四点编辑的差别

16. 输出编辑结果，生成音视频文件。

新建一个工程文件，导入素材图片文件，使用本任务的方法，将素材文件放置到序列面板的轨道中，如图 1-32 所示。（本任务使用 Premiere 对视频素材进行三点编辑与四点编辑，包括利用项目窗口查看素材属性，使用源素材监视器窗口对音视频素材进行编辑。）

图 1-32　举一反三——利用三点编辑插入素材

任务三　音画对位

音画对位是指根据音频文件的内容来编辑视频画面，常用于歌曲 MV 的制作。

本任务针对一段音频文件进行编辑，观察音频文件在序列面板中音频轨道的波形显示并播放收听音频文件内容，使用 Premiere 软件根据音频文件的内容在适当位置添加标记。在标记的位置添加和音频内容相关的视频文件，进行音画对位。实例效果如图 1-33 所示。

图 1-33　音画对位的实例效果

知识点：音画对位。

 自己动手

新建工程文件：

1. 同第一单元任务二中的步骤 1 和步骤 2。

2. 输入新建工程文件的名称"音画对位"。

导入素材文件：

3. 选择菜单"文件"→"导入"命令导入素材，在弹出的"导入"对话框中选择图片素材"海滩 1.tif"～"海滩 4.tif"和音频素材"浪花一朵朵.wav"，单击"打开"按钮，将这些素材文件导入到项目窗口中，如图 1-34 所示。

将素材文件放到序列面板的轨道上：

4. 查看素材，这是 4 个图像文件和 1 个音频文件，在项目窗口选中音频素材"浪花一朵朵.wav"，将其拖动至序列面板的 A1 轨道中。按空格键对此段素材进行播放，可以听到音频素材的播放内容，这是歌曲"浪花一朵朵.wav"的片段。演唱内容有 4 句，第 1 句为"我要你陪着我"，第 2 句为"看着那海龟水中游"，第 3 句为"慢慢地爬在沙滩上"，第 4 句为"数着浪花一朵朵"。

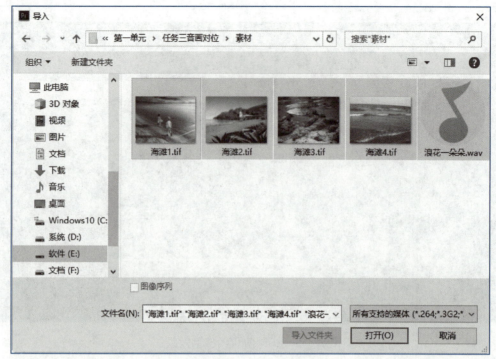

图 1-34　导入音视频素材

5. 单击拖动 A1 与 A2 轨道交界的隔断线，可以展开或者收合音频波形图示，如图 1-35 所示。从 A1 轨道的音频波形图像的疏密程度上可以大致看出有 4 句唱词。

图 1-35　展开波形图示

6. 将鼠标放置到序列面板左侧 A1 和 A2 轨道交界的位置，可以将 A1 轨道的下部向下拖曳，使轨道高度加高，扩大音频文件的显示区域，方便进行下一步编辑，如图 1-36 所示。

图 1-36　扩大音频编辑区

标记音频文件：

7. 双击时间轴中 A1 轨道上的音频文件，使其在源素材监视器窗口中显示，按空格键播放音频文件，单击源素材监视器窗口中的"标记"按钮 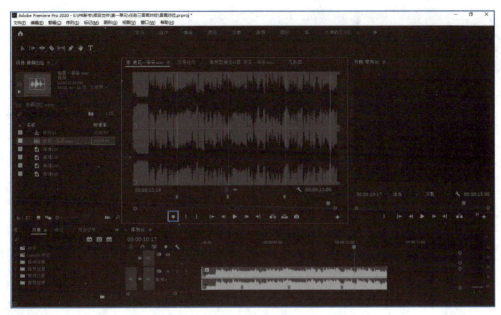（快捷键为 M 键），在音乐播放到第 2、3 和 4 句起始的位置时添加标记，这样在音频轨道的标尺线上添加 3 个标记，如图 1-37 所示。

图 1-37　添加标记点给音频分段

给音频添加对应画面：

8. 在轨道上添加了标记点后，可以很方便地为被标记点分开的四部分音频添加视频画面，首先从项目窗口中找到素材文件"海滩 1. tif"，将其拖动至 V1 轨道上，如果视频文件长度和标记位置长度不一致，可以用鼠标拖动修改，鼠标在标记附近会自动变成参考线方便对齐标记，如图 1-38 所示。

图 1-38　放置第 1 部分画面

9. 从项目窗口中找到与第 2 句歌词相对应的视频文件"海滩 3.tif"，将其拖入 V1 轨道上，调整文件时间长度与标记的音频文件的第 2 部分位置相对应，如图 1-39 所示。

图 1-39　设置第 2 部分画面

10. 利用同样方式从项目窗口中选择与时间轴上标记的音频文件第 3、4 部分相对应的视频文件"海滩 2.tif""海滩 4.tif"，将它们拖至序列面板的 V1 轨道上，调整视频素材时间长度，使之与标记的音频文件长度相对应，如图 1-40 所示。

图 1-40　设置第 3、4 部分画面

11. 输出编辑结果，生成音视频文件。

 举一反三

新建一个工程文件，导入素材图片和音频文件，使用本任务的方法制作歌曲 MV，如图 1-41 所示。（本任务使用 Premiere 实现对音频素材与视频素材的编辑与对位，包括应用源素材监视器窗口对音频文件进行标记与编辑，调节设置音频轨道，对音频素材与视频素材进行对齐操作。）

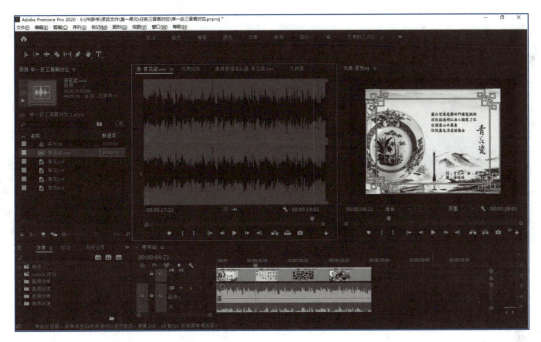

图 1-41　举一反三——音画对位

任务四　简单动画

 任务描述

本任务将介绍使用 Premiere 软件制作简单动画的过程。在 Premiere 中，在不同时间设置不同的参数，使素材画面在播放时随参数的改变产生运动，生成相应的动画效果。本任务主要采用对素材尺寸大小、素材位置和旋转角度设置关键帧等操作来介绍如何利用 Premiere 制作简单动画。实例效果如图 1-42 所示。

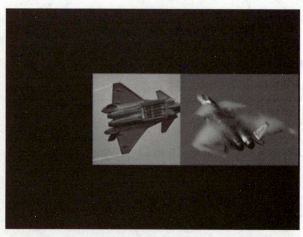
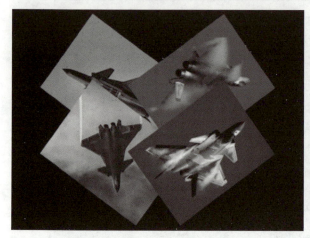

图 1-42　简单动画的实例效果

　　知识点：设置关键帧、"效果控件"窗口参数。

 自己动手

新建工程文件：

1. 同第一单元任务二中的步骤 1 和步骤 2。

2. 输入新建工程文件的名称"简单动画"。

导入素材文件：

3. 选择菜单"文件"→"导入"命令导入素材，在弹出的"导入"对话框中选择图片素材"飞机 1. tif"~"飞机 4. tif"和音频素材"音乐.wav"，单击"打开"按钮导入素材。

4. 查看素材，可在项目窗口中查看导入的素材的尺寸及时间长度等信息，Premiere 默认每个被导入的静态图片的时间长度为 5 秒。可以在选中图片素材"飞机 1. tif"后，选择菜单"编辑"→"首选项"→"时间轴"命令，打开"首选项"对话框，设置"静止图像默认持续时间"为 125 帧，因为 PAL 制式默认为 25 帧/秒，所以导入的静态图像长度为 5 秒，如

图 1-43 所示。

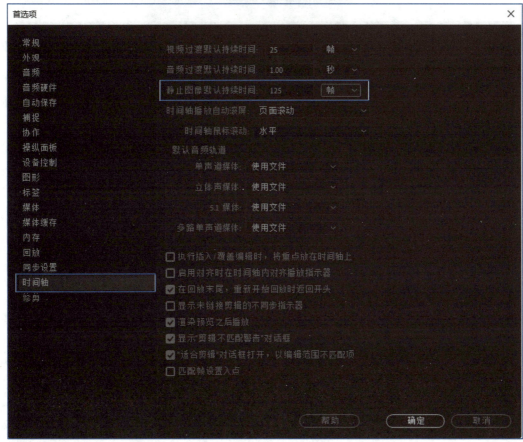

图 1-43　查看导入素材的时间长度

修改导入素材的长度：

5. 可以根据编辑的需要，修改导入素材的默认值，在这里将其"静止图像默认持续时间"属性修改为 150 帧，单击"确定"按钮。在项目窗口中将已导入的 4 个静态图片文件删除，重新导入。再次查看其长度信息，可以发现再次导入的静态素材文件的时间长度变为

6 秒，如图 1-44 所示。

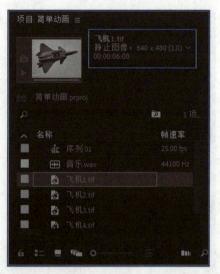

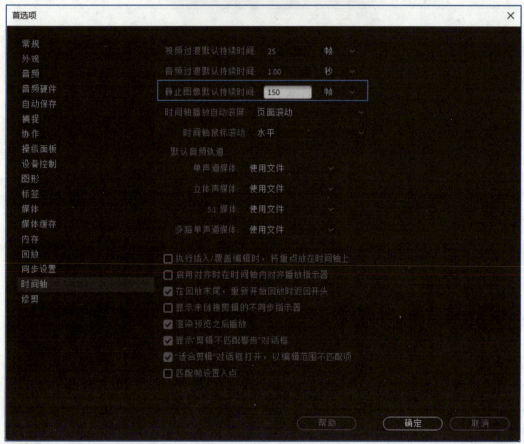

图 1-44　设置导入素材的时间长度

将素材文件放到序列面板的轨道上：

6. 选择图片素材"飞机 1.tif"，将其拖至序列面板的 V1 轨道中，可以看到它的时间长度为 6 秒，如图 1-45 所示。

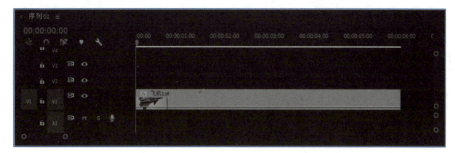

图 1-45　放置素材

添加关键帧动画：

7. 单击选中 V1 轨道中的"飞机 1. tif"文件，打开"效果控件"窗口，单击展开"运动"选项左侧的三角形图标，将"运动"属性展开，可以对素材进行属性修改，如旋转、缩放等，如图 1-46 所示。

图 1-46　"效果控件"窗口

8. 在"效果控件"窗口界面的右上角单击按钮▶，可以控制显示或者隐藏时间轴视图，查看关键帧信息，如图 1-47 所示。

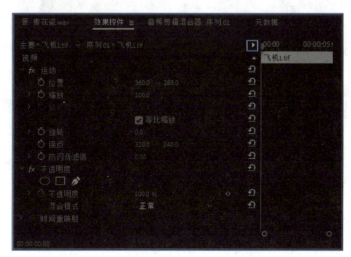

图 1-47　查看关键帧信息

提个醒

如果需要进行大段的关键帧编辑，则需要更大的显示空间来显示关键帧信息。在"效果控件"窗口右侧边缘用鼠标进行单击拖曳，可以拉宽窗口面积，方便进行编辑。

9. 在"效果控件"窗口中，将"运动"选项下的"缩放"值设为50，缩小图片素材"飞机1.tif"的尺寸，在时间轴上将时间指针移动至第10帧处，单击"效果控件"窗口中"位置"前的按钮 ⏱ ，为素材添加一个关键帧，如图1-48所示。

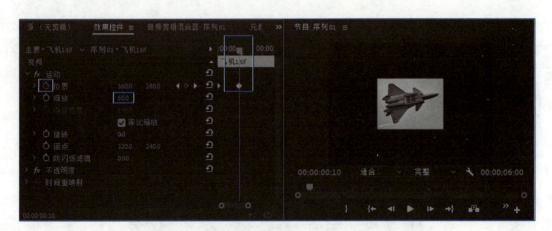

图1-48 设置关键帧

10. 将时间指针移动至第0秒位置，将"位置"值设置为（900，288），这时软件会在第0秒处自动添加一个关键帧，可以在"效果控件"窗口中观察改变数值的前后变化。主键盘上的+键和-键可以对关键帧编辑线的放大或者缩小显示进行控制。可以看到图片素材向右移动出了视频编辑区，如图1-49所示。

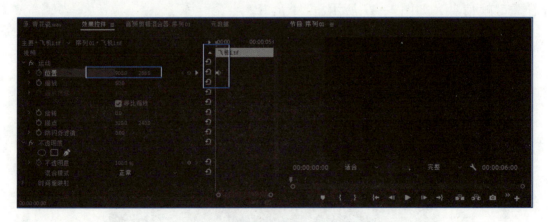

图1-49 关键帧编辑线中的显示操作

11. 也可以在V1轨道中右击"飞机1.tif"素材上的按钮 fx ，选择弹出菜单中的"运动"→"位置"命令查看关键帧，如图1-50所示。

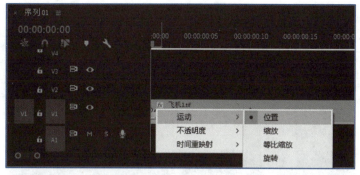

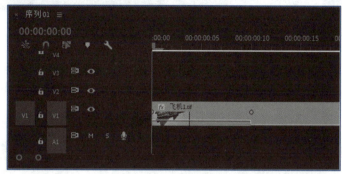

图 1-50 在时间轴中显示关键帧

12. 按空格键从第 0 秒开始播放动画，可以看到素材画面从右侧快速移至屏幕中部。单击选中"效果控件"窗口中的"运动"选项，可以看到画面的运动轨迹，如图 1-51 所示。

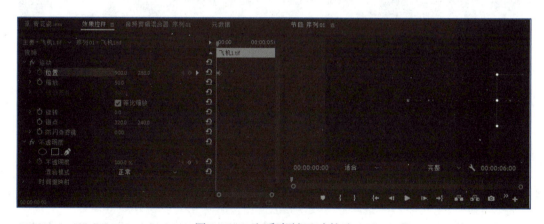

图 1-51 查看素材运动轨迹

复制关键帧动画：

13. 从项目窗口中依次将"飞机 2. tif"拖至 V2 轨道中，将"飞机 3. tif"拖至 V3 轨道中。如果只有 3 个视频轨道，将"飞机 4. tif"拖至 V3 轨道上方的空白处时，软件会自动添加一个 V4 轨道放置"飞机 4. tif"素材，如图 1-52 所示。

14. 在时间轴中单击选中"飞机 1. tif"素材，在"效果控件"窗口中选中"运动"选项，按快捷键 Ctrl+C 进行复制。

图 1-52　添加素材至 V4 轨道

15. 在序列面板中分别选中素材"飞机 2. tif""飞机 3. tif""飞机 4. tif"，按快捷键 Ctrl +V 进行粘贴，这样这三个素材也具有相同的"运动"设置，包括"位置"动画关键帧和"缩放"设置。可以在视频轨道上看到这三个素材的关键帧位置，如图 1-53 所示。

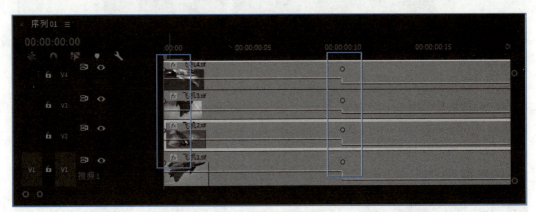

图 1-53　复制关键帧

设置多画面动画：

16. 在序列 01 面板中把时间指针移至第 10 帧处，将 V2 轨道中的"飞机 2. tif"后移 10 帧，使该素材入点移动到时间指针的位置。同样把 V3 轨道中的"飞机 3. tif"、V4 轨道中的"飞机 4. tif"分别移动到时间轴的第 20 帧和第 1 秒 5 帧的位置，如图 1-54 所示。

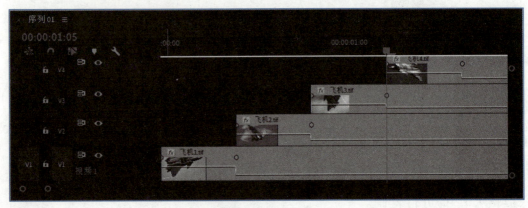

图 1-54　移动素材

17. 将时间指针移至第 2 秒位置，选择"飞机 1.tif"，在"效果控件"窗口中单击"位置"后的"添加关键帧"按钮 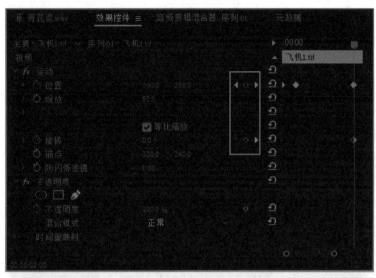，添加一个关键帧。再单击"旋转"前的按钮 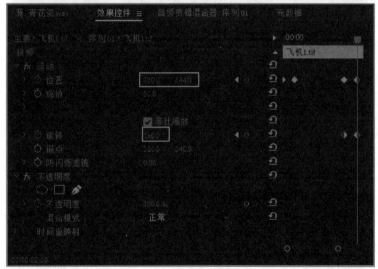，添加一个关键帧。

18. 将时间指针移至第 2 秒 10 帧处，将"位置"设置为（180，144），将"旋转"设为 360°。当输入 360°按回车键后，数值会显示为 1×0，即 1 个圆周。这两个动画关键帧使素材"飞机 1.tif"从屏幕中部一边旋转一边移动到屏幕左上位置，如图 1-55 所示。

图 1-55 设置素材"飞机 1.tif"第 2 秒和第 2 秒 10 帧的关键帧

19. 选择素材"飞机 2.tif"，在第 2 秒和第 2 秒 10 帧添加关键帧，并将第 2 秒 10 帧处的"位置"值设置为（540，144），将"旋转"值设置为-360°，即-1×0。

20. 选择素材"飞机 3.tif"，在第 2 秒和第 2 秒 10 帧添加关键帧，并将第 2 秒 10 帧处的"位置"值设置为（180，432），将"旋转"值设置为 360°，即 1×0。

21. 选择素材"飞机 4.tif"，在第 2 秒和第 2 秒 10 帧添加关键帧，并将第 2 秒 10 帧处的"位置"值设置为（540，432），将"旋转"值设置为-360°，即-1×0，如图1-56所示。

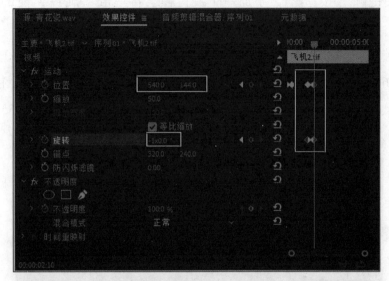

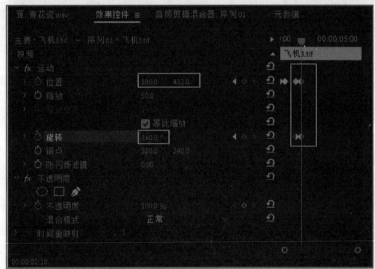

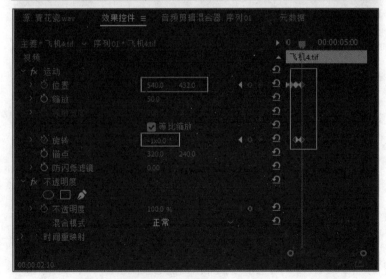

图1-56　设置其他素材第2秒和第2秒10帧的关键帧

22. 导入音频素材"音乐.wav"到序列面板的 A1 轨道上，观察音频素材时间长度为 7 秒，使用剃刀工具  裁切序列面板各轨道上 6 秒位置，选中 6 秒以后的部分删除，如图 1-57 所示。

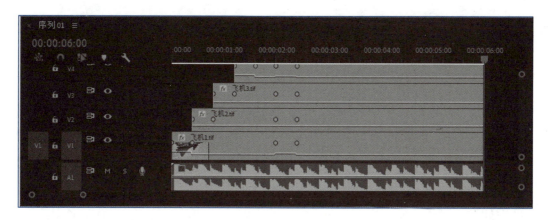

图 1-57　导入音频素材裁切并删除 6 秒后内容

23. 渲染输出最终效果，如图 1-42 所示。

举一反三

新建一个工程文件，导入素材图片文件，使用本任务的方法制作一个关键帧动画，如图 1-58 所示。（本任务使用 Premiere 制作视频简单动画，包括：使用"首选项"对话框对项目文件中的素材持续时间进行设置，在"效果控件"窗口中对素材的基本属性进行动画设置，在"效果控件"窗口中进行关键帧设置，在时间轴中对轨道素材进行裁切编辑。）

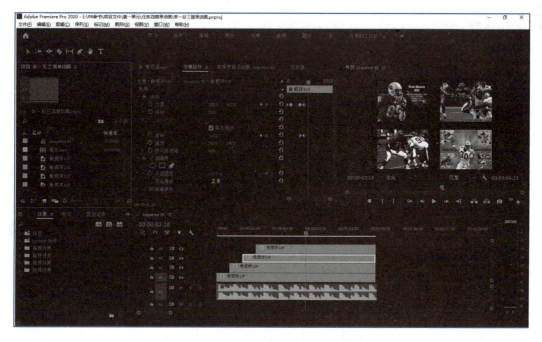

图 1-58　举一反三——制作简单动画

任务五　素材嵌套

任务描述

在使用 Premiere 软件进行音视频编辑时，该软件支持在一个工程文件下建立一个或者多个序列，而且可以把一个或者多个序列作为素材一样放置到不同的序列中，即素材嵌套。

Premiere 软件可以将一个或者多个序列嵌套在另外一个不同的序列中，根据视频编辑的需要，可以进行多层嵌套。本任务将在一个工程文件中建立三个序列进行嵌套来介绍相关知识，实例效果如图 1-59 所示。

 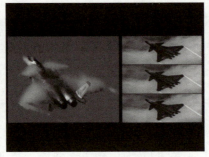 

图 1-59　素材嵌套的实例效果

知识点：建立多个序列、素材嵌套。

自己动手

新建工程文件：

1. 同第一单元任务二中的步骤 1 和步骤 2。

2. 输入新建工程文件的名称"素材嵌套"。

建立素材文件夹：

3. 准备导入两批图片素材，设置第一批每个图片的时间长度为 15 帧，第二批每个图片的时间长度为 25 帧。在项目窗口中先建立两个文件夹，单击项目窗口下方的按钮███，在项目窗口中新建一个素材箱"素材箱 01"。同样再次单击按钮███，新建素材箱"素材箱 02"。

4. 在素材箱"素材箱 01"后的名称上单击，重新命名素材箱为"15 帧图片"。用同样方法修改素材箱"素材箱 02"名称为"25 帧图片"。双击打开素材箱"15 帧图片"，因为没有导入素材，素材箱"15 帧图片"为空素材箱，如图 1-60 所示。

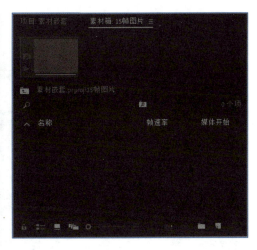

图 1-60　在项目窗口中创建新素材箱

导入素材文件：

5. 选择菜单"编辑"→"首选项"→"常规"命令，打开"首选项"对话框，将"静止图像默认持续时间"修改为 15 帧，这样默认导入图片素材的时间长度为 15 帧。

6. 选择菜单"文件"→"导入"命令导入素材，在弹出的"导入"对话框中选择图片素材"飞机 1. tif"~"飞机 16. tif"共 16 个文件，单击"打开"按钮，将这些素材文件导入到项目窗口中，即"15 帧图片"素材箱中。单击项目窗口上方的按钮 ⬛ 返回上级素材箱。素材箱的好处是可以分类存放不同的素材。可以单击素材箱左侧的按钮 ⬛ 在项目窗口中打开或者收缩素材箱内容，如图 1-61 所示。

图 1-61　在"15 帧图片"素材箱中导入素材

7. 同样选择菜单"编辑"→"首选项"→"常规"命令，打开"首选项"对话框，将"静止图像默认持续时间"修改为 25 帧，这样默认导入图片素材的时间长度为 25 帧。

8. 选择菜单"文件"→"导入"命令导入素材，在弹出的"导入"对话框中选择图片素材"飞机 1. tif"~"飞机 6. tif"共 6 个文件，单击"打开"按钮将这些素材文件导入到项目窗口，然后选中这 6 个文件，将它们用鼠标拖入"25 帧图片"素材箱中，如图 1-62 所示。

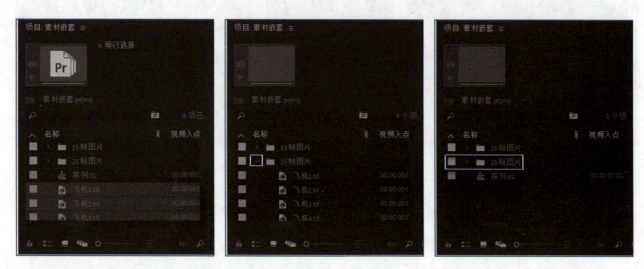

图 1-62　导入素材到"25 帧图片"素材箱

编辑时间轴"序列 01"：

9. 在建立新的工程文件的时候，软件会自动生成一个默认的时间轴，即"序列 01"。用鼠标在项目窗口中选择"15 帧图片"素材箱，将其拖入到"序列 01"中。可以看到"15 帧图片"素材箱中的所有素材依次排列在"序列 01"中，如图 1-63 所示。

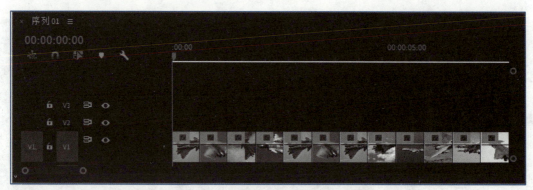

图 1-63　放置"15 帧图片"素材箱至"序列 01"

建立时间轴"序列 02"：

10. 单击项目窗口右下方的按钮█，在弹出的菜单中选择"序列"命令，打开"新建序列"对话框，序列名称使用默认名称"序列 02"，单击"确定"按钮，新建时间轴"序列 02"。从项目窗口中选择"25 帧图片"素材箱，将其拖至"序列 02"面板中，这样将"25 帧图片"素材箱中的所有素材图片依次排列在"序列 02"面板的 V1 轨道上。随意调整文件排列顺序，使其与"序列 01"面板上的文件排列顺序不同，如图 1-64 所示。

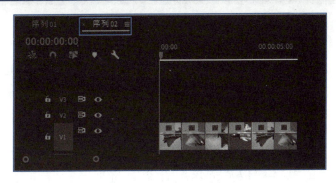

图 1-64　新建并编辑时间轴"序列 02"

建立时间轴"序列03":

11. 单击项目窗口右下方的按钮 ，在弹出的菜单中选择"序列"命令，打开"新建序列"对话框，序列名称使用默认名称"序列03"，单击"确定"按钮，新建时间轴"序列03"。

素材嵌套:

12. 在项目窗口中选择时间轴序列01，将它拖至时间轴序列03的V1轨道上，可以看到同时在序列03的A1轨道上有附带的音频。选中V1轨道上的序01，选择菜单"剪辑"→"取消链接"命令，将视频和音频分离，将分离出的音频部分按Delete键删除，如图1-65所示。

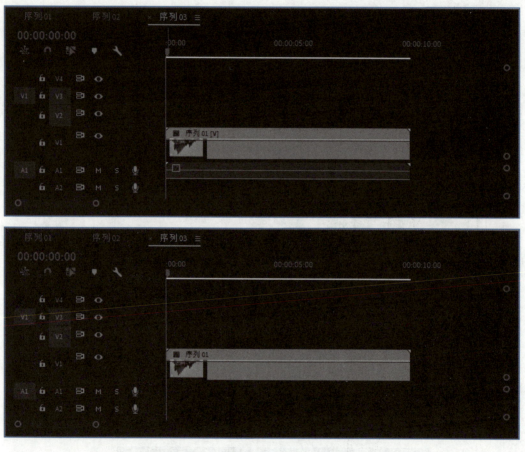

图1-65　放置序列01并删除音频

13. 单击序列01，按快捷键Ctrl+C进行复制，单击序列03的V2轨道，使其在高亮状态，按快捷键Ctrl+V粘贴序列01到V2轨道。同理粘贴序列01到V3轨道，如图1-66所示。

14. 在项目窗口中选择时间轴序列02，将它拖至时间轴序列03的V3轨道上方，软件自动生成一个新的轨道V4，可以看到同时在序列03的A2轨道上有附带的音频。选中V4轨道上的序列02，选择菜单"剪辑"→"取消链接"命令，将视频和音频分离，将分离出的音频部分按Delete键删除，如图1-67所示。

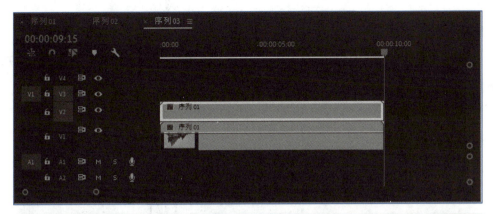

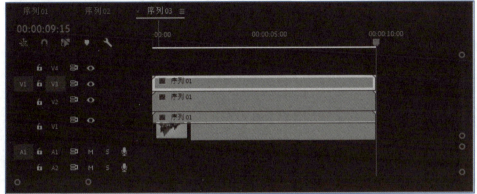

图1-66　复制序列01至其他两个轨道

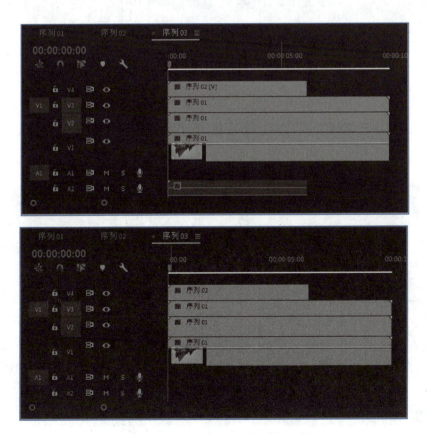

图1-67　添加序列02并删除音频

提个醒

在进行素材嵌套时，进行嵌套的序列不能嵌套其本身，比如序列 03 嵌套序列 02，序列 02 嵌套序列 01，那序列 01 就不能嵌套序列 02 或序列 03。

编辑序列 03：

15. 分别对 4 个轨道的画面尺寸和位置进行修改，使其能在屏幕中同时显示。先选择最上层的 V4 轨道上的序列 02，用鼠标拖动其他各轨道将时间与其保持一致，在"效果控件"窗口中将其缩放设为 70，位置设为（210.9，297），如图 1-68 所示。

图 1-68　设置序列 02 的大小和位置

16. 先选择 V3 轨道上的序列 01，在"效果控件"窗口中取消选中"等比缩放"复选框，这样就可以直接修改素材缩放高度和缩放宽度了，将缩放高度设为 23.3，将缩放宽度设为 49.4，位置设为（570，410），如图 1-69 所示。

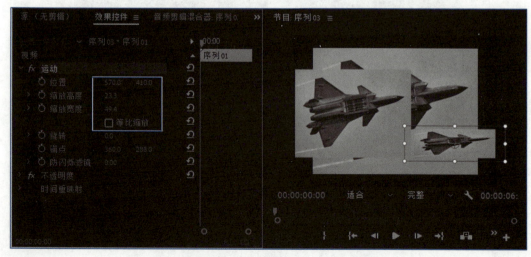

图 1-69　设置 V3 上序列 01 的大小和位置

17. 选择 V2 轨道上的序列 01，将缩放高度设为 23.3，将缩放宽度设为 49.4，位置设为（570，297）。

18. 选择 V1 轨道上的序列 01，将缩放高度设为 23.3，将缩放宽度设为 49.4，位置设为（570，184）。

19. 播放预览最终结果，如图 1-59 所示。

 举一反三

新建一个工程文件，导入素材图片文件，使用本任务学习的素材嵌套知识点，制作一个四幅画面不断变化的效果，如图 1-70 所示。（本任务使用 Premiere 进行素材嵌套操作，包括：在项目窗口中创建文件夹对素材进行整理，选择菜单"剪辑"→"取消链接"命令解除视频素材与音频素材的链接，创建不同的时间轴进行素材嵌套。）

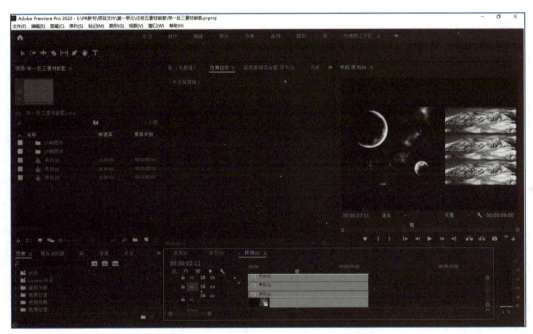

图 1-70　举一反三——制作素材嵌套效果

任务六　任务打包

 任务描述

在利用 Premiere 软件进行剪辑时，一个工程文件经常会用到大量素材，这些素材分布在

计算机的各个角落，有些被使用，有些不被使用。如果想移动工程文件到其他计算机，或者整理工程文件，Premiere 软件提供了素材打包功能，可以很方便地整理素材。

知识点：对工程文件和素材进行打包。

自己动手

新建工程文件：

1. 同第一单元任务二中的步骤 1 和步骤 2。

2. 输入新建工程文件的名称"任务打包"。

导入素材文件：

3. 选择菜单"文件"→"导入"命令导入素材，在弹出的"导入"对话框中，从"素材"文件夹下选择 6 个文件，将其导入到项目窗口中，如图 1-71 所示。

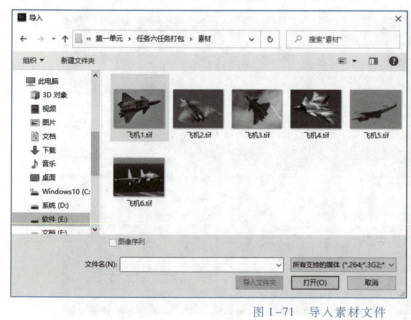

图 1-71 导入素材文件

4. 从项目窗口中将"飞机 1. tif"~"飞机 3. tif"拖至序列上，如图 1-72 所示。

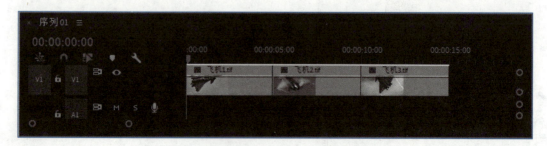

图 1-72 使用 3 个文件

进行素材打包：

5. 选择菜单"编辑"→"移除未使用资源"命令，移除未使用的素材，可以看到项目窗口中只留下序列和被使用的 3 个文件，未被使用的另外 3 个文件被移除了，如图 1-73 所示。

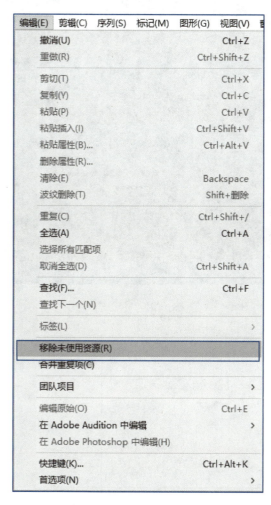
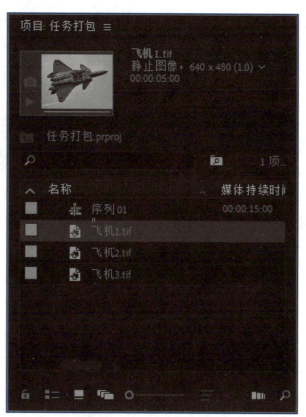

图 1-73　移除未使用素材

6. 选择菜单"文件"→"项目管理"命令，打包素材，打开"项目管理器"对话框。单击"确定"按钮，弹出一个保存当前文件的对话框，可以单击"浏览"按钮选择打包的位置，单击"确定"按钮保存，进行素材打包，如图 1-74 所示。

检查打包结果：

7. 打包以后的素材，所有文件将被放在同一个文件夹下，可以在指定的文件夹目录下找到打包文件夹的位置。文件夹是以"已复制_ 任务打包"文件名称来命名的，如图 1-75 所示。

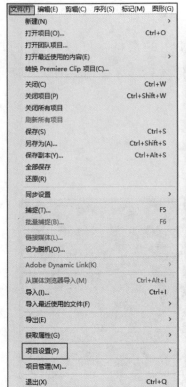
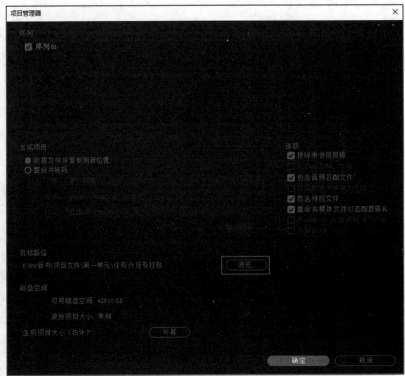

图 1-74 打包素材

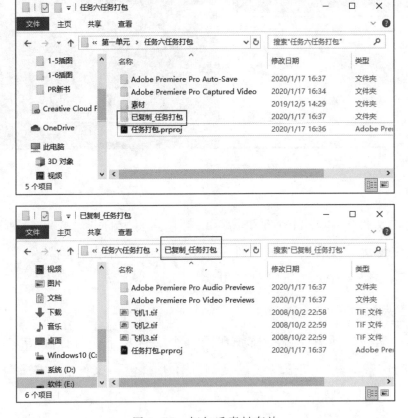

图 1-75 打包后素材存放

举一反三

新建一个工程文件，导入以前制作的工程文件"素材嵌套.prproj"，使用本任务的方法，将"素材嵌套.prproj"进行打包。（本任务使用 Premiere 对项目文件进行打包，包括选择菜单"项目"→"移除未使用资源"命令移除项目窗口中的未使用素材，选择菜单"文件"→"项目管理"命令对项目文件进行打包。）

任务七　画面重构

任务描述

由于播放媒介的不同，常常需要将一个工程文件的构图进行多样调整，最终输出的画面有可能是宽幅或者窄幅，有可能是横版或者竖版。如果想将工程文件的构图方便地切换输出到不同播放媒介，或者改变画面的比例尺寸，Premiere 软件提供了画面自动重构功能，为人们进行编辑提供了最实用的工具，实例效果如图 1-76 所示。

图 1-76　画面重构的实例效果

知识点：自适应素材制式、使用"自动重构序列"命令修改序列构图。

自己动手

新建工程文件：

1. 同第一单元任务二中的步骤 1 和步骤 2。

2. 输入新建工程文件的名称"画面重构"。

3. 打开"新建序列"对话框，在"序列预设"选项卡的"可用预设"中展开 DV-PAL，选择国内电视制式通用的"标准 48 kHz"。进入 Premiere 的编辑界面。

导入素材文件：

4. 选择菜单"文件"→"导入"命令导入素材，在弹出的"导入"对话框中，从"素材"文件夹下选择视频文件"woman run. mp4"，将其导入到项目窗口中，在项目窗口中可以看到素材文件是由手机拍摄的一段高清视频，与刚刚创建的时间序列制式并不一致，如图 1-77 所示。

图 1-77　导入素材

编辑时间轴"序列 01"：

5. 将素材"woman run. mp4"从项目窗口拖动至时间轴序列 01 的 V1 轨道上，由于素材制式与时间序列制式不一致，这时 Premiere 软件会弹出"剪辑不匹配警告"对话框，单击"更改序列设置"按钮，此时时间序列自动适应为与素材相一致的制式，如图 1-78 所示。

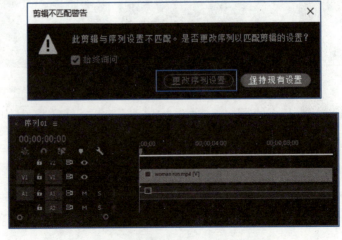

图 1-78　将素材拖入时间序列

提个醒

　　如果导入的素材与预设的时间序列制式不一致，Premiere 软件会在将素材拖入时间序列时弹出"剪辑不匹配警告"对话框，询问编辑者是否更改序列设置，选择"更改序列设置"，则时间序列会自动适应为与素材一致的制式；选择"保持现有设置"，则时间序列维持预设制式不变，后期根据编辑需要在时间序列中对素材进行调整，使素材与时间序列相适应。

生成重构序列：

　　6. 选择序列 01，选择菜单"序列"→"自动重构序列"命令，在弹出的"自动重构序列"对话框中的"长宽比"下拉列表框改选画幅比例为"垂直 9∶16"，单击"创建"按钮，生成重构序列，如图 1-79 所示。

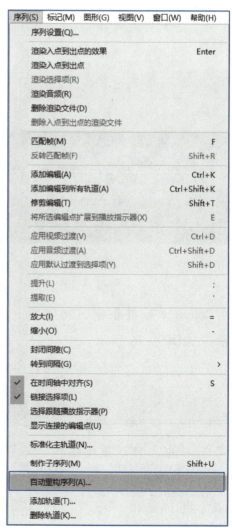

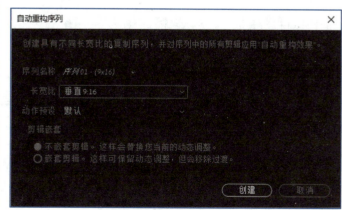

图 1-79　创建重构序列

提个醒

在"自动重构序列"对话框中，"序列名称"会根据"长宽比"选项的选择结果进行变化，方便后面的编辑。在"长宽比"下拉列表框预制了"正方形1∶1""垂直4∶5""垂直9∶16""水平16∶9"和自定义选项，在编辑时可以根据需要进行选择。

7. 此时在项目窗口中出现名为"自动重构序列"的素材箱，里面有名称为"序列01-（9×16）"的序列，在时间轴面板中出现名称为"序列01-（9×16）"的新序列，如图1-80所示。

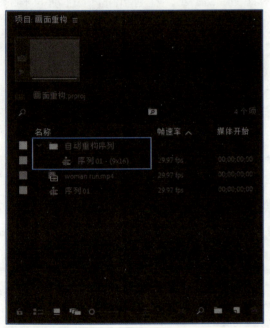

图1-80　生成重构序列

8. 按空格键对编辑的时间序列进行预览，发现此时Premiere软件根据时间序列上素材的画面中心自动生成了一个画幅比例为9∶16的竖版画面，如图1-76所示。

**举一反三**

新建一个工程文件，导入素材图片文件，使用本任务学习的"自动重构序列"知识点，制作一个画幅比例为1∶1的画面效果，如图1-81所示。（本任务使用Premiere进行画面重构操作，包括：选择导入素材与预制时间序列的制式匹配，选择菜单"序列"→"自动重构序列"命令创建生成新画幅的时间序列。）

图 1-81　举一反三——画面重构

制作视频转场

Premiere 提供了强大的视频转场效果制作功能，可以制作出多种炫目的转场效果。本单元将通过实例来详细讲解并演示视频转场的制作方法。

任务一 四季变换

任务描述

在对音视频文件进行编辑时，经常需要对不同镜头进行切换，也就是所谓的"转场"。"转场"就是指在前一个素材逐渐消失的过程中，后一个素材逐渐出现。Premiere 软件提供了多种转场方式，可以满足各种镜头转换的需要。本任务将通过使用 4 张图片制作一个四季变换的效果来简单介绍如何利用 Premiere 软件进行简单的转场操作。实例效果如图 2-1 所示。

图 2-1 四季变换的实例效果

知识点：使用快捷键方式添加默认转场。

自己动手

新建工程文件：

1. 同第一单元任务二中的步骤 1 和步骤 2。

2. 输入新建工程文件的名称"四季变换"。

导入素材文件：

3. 选择菜单"编辑"→"首选项"→"时间轴"命令，打开"首选项"对话框，将其中的"视频过渡默认持续时间"修改为 50 帧，即 2 秒，同样将"静止图像默认持续时间"修改为 75 帧，即 3 秒，然后单击"确定"按钮，如图 2-2 所示。

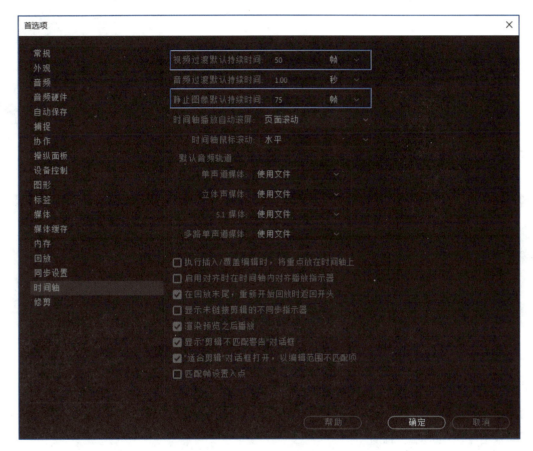

图 2-2 设置导入素材默认长度

4. 选择菜单"文件"→"导入"命令导入素材，在弹出的"导入"对话框中选择"春.tif""冬.tif""秋.tif""夏.tif"，单击"打开"按钮将其导入，如图 2-3 所示。

将素材文件放到时间轴面板：

5. 从项目窗口中选择"春.tif"文件，将其拖入时间轴面板的 V1 轨道中，并用同样的操作从项目窗口中再拖 3 次，按照春、夏、秋、冬四季的顺序，连续排列在 V1 轨道中。这样就放置了 4 段，每段为 3 秒，时间总长度为 12 秒。

6. 单击拖动轨道之间的边界，或者将鼠标放至需要编辑的视频轨道控制区上，转动鼠标中键滚轮可以纵向展开或者缩放视频轨道。选择缩放视频轨道可以方便编辑，也可以拖动展开视频轨道浏览每段素材的缩略图观察素材内容，如图 2-4 所示。

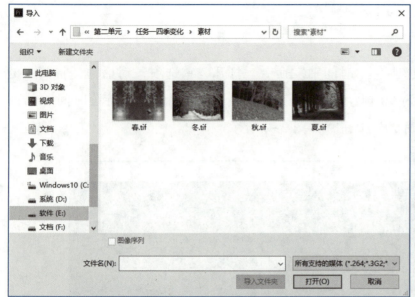

图2-3 导入素材

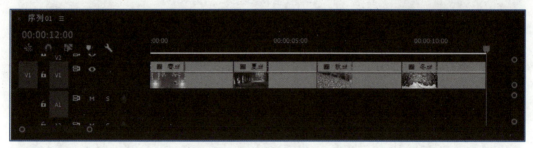

图2-4 放置素材

添加转场效果：

7. 将当前的时间指针拖动至第0秒处，按键盘上的向下键"↓"将时间指针移动至下一段素材的起始点，即第3秒处。

8. 按快捷键Ctrl+D，在第1段素材"春.tif"和第2段素材"夏.tif"之间添加一个默认的"交叉溶解"转场。拖动时间指针，在屏幕上预览转场效果，可以看到在时间轴第2秒和第4秒之间，第2段素材"夏.tif"逐渐叠加并取代了第1段素材"春.tif"，如图2-5所示。

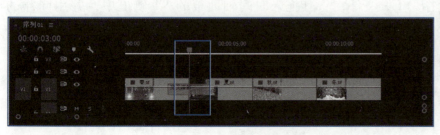

图2-5 添加转场效果

提个醒

　　将时间指针移动至两素材相接位置后，也可以选择菜单"序列"→"应用视频过渡"命令添加默认转场。

　　9. 单击时间轴上第 1 段素材与第 2 段素材之间的默认转场效果"交叉溶解"，打开"效果控件"窗口，可以看到这个转场效果的相关信息。勾选"显示实际源"复选框，可以显示当前素材的图像，如图 2-6 所示。

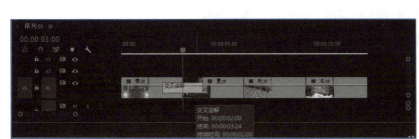
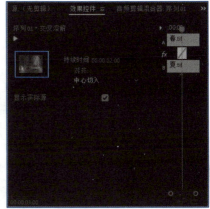

图 2-6　在"效果控件"窗口查看转场信息

　　10. 在"效果控件"窗口中，单击右上角的按钮▶可以显示这两段素材和其转场的时间轴。在持续时间之后可以更改转场的时间长度，在"对齐"之后可以选择转场在两段素材之间的对齐方式。可选择的对齐方式有：中心切入、起点切入、终点切入、自定义起点。如将对齐方式选择为"终点切入"，将会以第 1 段素材的结束点对齐剪切点，如图 2-7 所示。

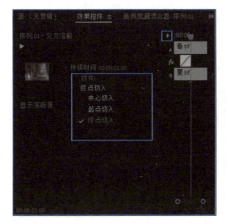
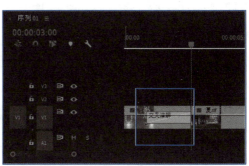

图 2-7　对齐转场

11. 在"效果控件"窗口右侧的转场时间轴窗口中，用鼠标在转场窗口的转场效果两端拖动可以更改转场时间长度，在中间自定义开始点对齐，如图2-8所示。

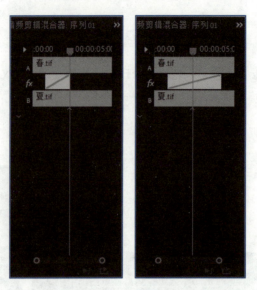

图2-8　在"效果控件"窗口右侧的转场时间轴窗口中操作

 小知识

　　所谓对齐是指转场效果的起始点或结束点与第1段素材的结束点和第2段素材的起始点对齐。例如，如果选择设置为"起点切入"，则转场效果的起始点与第2段素材的起始点对齐。如果选择"终点切入"，则转场效果的结束点与第1段素材的结束点对齐。如果选择"中心切入"，则转场效果的中点位于第1段素材和第2段素材的相接位置。

比较不同的转场：

12. 为了方便理解和总结转场方式，尝试进行以下操作并查看结果。第1种方式为前面所做的操作方式，即第1段素材和第2段素材均在同一轨道V1上，在第1段素材和第2段素材中间位置选择居中对齐，按快捷键Ctrl+D添加一个2秒的默认转场。

13. 第2种操作是将第1段素材拖至上一层轨道V2上，将其出点拖至第4秒，将第2段素材的入点拖至第2秒，单击V2轨道名称处，选中该轨道，将时间指针移至第1段素材尾部，按快捷键Ctrl+D添加一个2秒的默认转场。

14. 第3种操作方式是将第2段素材拖至V3轨道上，将其入点拖至第2秒，将第1段素材仍放置在V1轨道中，将其出点拖至第4秒，单击V3轨道名称处选择其轨道层，将时间指针移至第2段素材开始处，按快捷键Ctrl+D添加一个2秒的默认转场。比较这3种转场，其转场重叠的时间段位置和长度是一样的，其结果也是一样的，如图2-9所示。

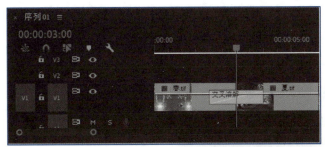

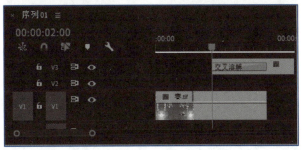

图 2-9 不同轨道转场方式

制作四季变换效果：

15. 在时间轴上选择所有素材，按 Delete 键删除。重新从项目窗口中选择 4 个素材文件，按照"春、夏、秋、冬"顺序依次导入时间轴面板。将时间指针移动至第 3 秒处，选中 V1 轨道层，按快捷键 Ctrl+D 添加一个默认转场。用同样操作，在第 6、9 秒处分别添加一个默认转场，如图 2-10 所示。

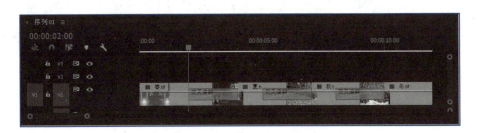

图 2-10 制作四季变换

16. 按空格键预览视频编辑效果，可以看到从春到冬的景色相互叠化变换，如图 2-1 所示。

🐎 知识拓展

在视频处理中，转场时前一个素材逐渐消失，后一个素材逐渐出现。这需要素材之间有交叠的部分，或者说素材的入点和出点要与起始点和结束点拉开距离，即额外帧，使用其间的额外帧作为转场的过渡帧。

在某些情况下，素材没有足够的过渡帧，如果此时为素材添加转场，会弹出提示窗口以警示转场处可能含有重复帧，如果继续操作，转场处会出现斜纹标记。

举一反三

新建一个工程文件，导入素材图片文件，使用本任务的方法，制作一个转场特效，如图 2-11 所示。（本任务使用 Premiere 的"效果"→"视频过渡"→"交叉溶解"命令为视频添加默认转场效果。）

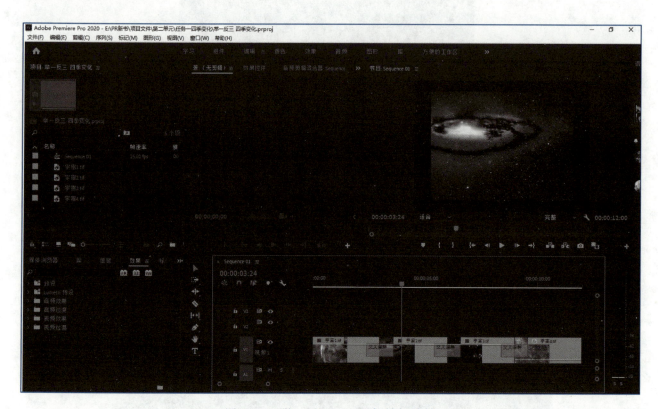

图 2-11 举一反三——添加转场特效

任务二 风 景 画 册

任务描述

Premiere 软件中默认转场效果可以使用快捷键来添加。同时为了方便编辑，Premiere 软件还提供了大量的其他转场效果。可以通过使用这些转场效果来制作更多新颖的视频特效。

本任务通过对素材图片指定翻页转场效果，制作一个被翻动的风景画册实例，来讲解如何使用 Premiere 软件制作转场特效。实例效果如图 2-12 所示。

图 2-12　风景画册的实例效果

知识点：转场、嵌套。

 自己动手

新建工程文件：

1. 同第一单元任务二中的步骤 1 和步骤 2。

2. 输入新建工程文件的名称"风景画册"。

导入素材文件：

3. 首先修改将要导入的图片素材的播放时间和转场效果持续时间。选择菜单"编辑"→"首选项"→"时间轴"命令，打开"首选项"对话框，修改"视频过渡默认持续时间"为 25 帧，即 1 秒，同样将"静止图像默认持续时间"修改为 75 帧，即 3 秒，然后单击"确定"按钮，如图 2-13 所示。

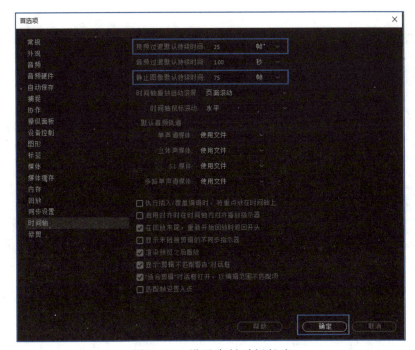

图 2-13　设置素材时间长度

4. 选择菜单"文件"→"导入"命令导入素材，在弹出的"导入"对话框中，选择"苏州1. TIF"~"苏州7. TIF"7 个图片文件和字幕文件"苏州园林. prtl"，单击"打开"按钮将其导入字幕文件的制作方法会在以后的任务中介绍。在项目窗口中观察这些素材的时间长度都为 3 秒，如图 2-14 所示。

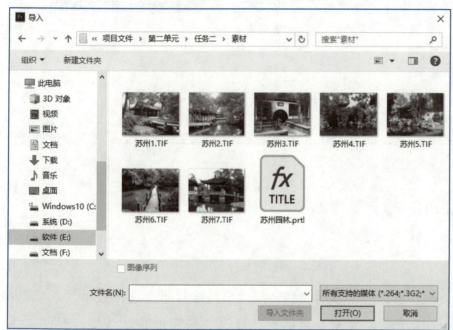

图 2-14　导入素材文件观察素材时间长度

5. 查看部分素材，可以看到苏州园林风景图片和字幕文件，如图 2-15 所示。

图 2-15　部分素材内容

制作一个简单的风景画册封面：

6. 在项目窗口中单击按钮，在弹出的菜单中选择"颜色遮罩"命令，打开"新建颜色遮罩"对话框，在该对话框中设定"视频设置"，单击"确定"按钮，进入"拾色器"对话框，从中将RGB值分别设置为（R:0；G:128；B:200）的浅蓝色，单击"确定"按钮，这样在项目窗口中建立了一个颜色遮罩，其长度也为3秒，如图2-16所示。

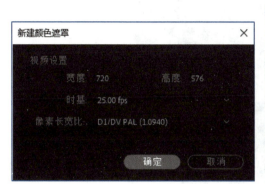
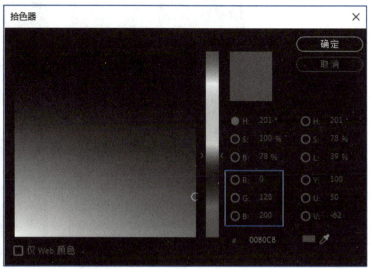

图2-16　建立颜色遮罩

7. 用鼠标从项目窗口中将颜色遮罩拖动至时间轴的V1轨道，将"苏州6.TIF"拖至V2轨道、将"苏州7.TIF"拖至V3轨道，将"苏州园林.prtl"拖至V3轨道上方，会自动添加一个V4轨道放置"苏州园林.prtl"，如图2-17所示。

图2-17　在时间轴中放置素材

调整素材效果：

8. 选择"苏州6.TIF"，在"效果控件"窗口中取消勾选"等比缩放"复选框，设置缩放高度为70，缩放宽度为60，设置位置为（540，288），设置透明度为50%。即将其缩小向右侧移动并设为半透明。

9. 选择"苏州7.TIF"，在"效果控件"窗口中取消勾选"等比缩放"复选框，设置缩放高度为70，缩放宽度为60，设置位置为（180，288），设置透明度为50%。即将其缩小向左侧移动并设为半透明，如图 2-18 所示。

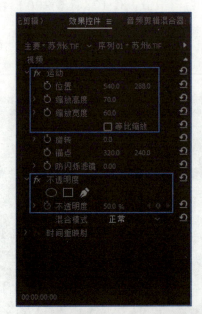

图 2-18　设置素材尺寸和不透明度

使用新的时间轴：

10. 在项目窗口中单击"新建"按钮 ■，在弹出的菜单中选择"序列"命令，打开"新建序列"对话框，默认新时间轴的名称为"序列 02"，单击"确定"按钮。这样就建立了一个新的时间轴序列 02。

11. 从项目窗口中将时间轴序列 01 拖动至时间轴序列 02 中。

12. 同样从项目窗口中将"苏州 1.TIF"～"苏州 5.TIF"拖动至时间轴序列 02 中，如图 2-19 所示。

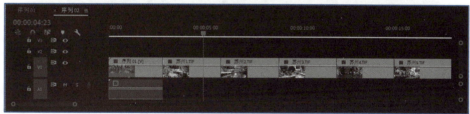

图 2-19 在序列 02 中放置素材

制作画册翻动效果：

13. 打开"效果"窗口，展开"视频过渡"下的"页面剥落"，选择"页面剥落"，将其拖动至 V1 轨道中的序列 01 和"苏州 1.TIF"之间，建立一个转场效果。转场会自动以"终点切入"为对齐方式，如图 2-20 所示。

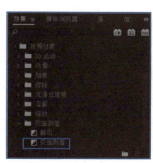

图 2-20 添加"页面剥落"转场效果

14. 单击选中时间轴 V1 轨道中的序列 01 和"苏州 1.TIF"之间的"页面剥落"转场效果，打开其"效果控件"窗口，将"显示实际源"勾选，显示转场变化的两段素材的缩略图。将"对齐"选择为"中心切入"，如图 2-21 所示。

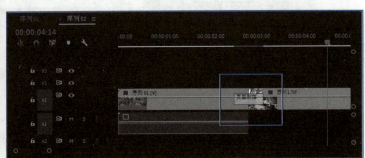

图 2-21　中心切入转场

15. 预览转场效果。

16. 在"效果"窗口中展开"视频过渡"下的"页面剥落"，选择"翻页"，将其拖至 V1 轨道中的"苏州 1.TIF"和"苏州 2.TIF"之间，建立一个转场。

17. 同样，在"苏州 1.TIF""苏州 2.TIF""苏州 3.TIF""苏州 4.TIF""苏州 5.TIF"之间，分别建立一个"翻页"转场，如图 2-22 所示。

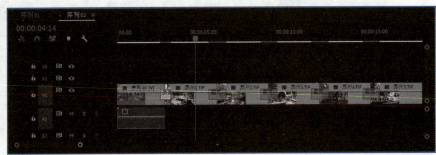

图 2-22　添加"翻页"转场

18. 预览转场效果，如图 2-23 所示。

图 2-23　"翻页"转场效果

19. 输出最终结果。

举一反三

新建一个工程文件，导入素材图片文件，使用本任务的方法，将图片素材制作成翻页画册的转场效果，如图 2-24 所示。（本任务使用 Premiere 制作翻页效果，包括：应用"新建颜色遮罩"对话框制作颜色遮罩，使用"效果"面板中的"视频过渡"→"页面剥落"下的"页面剥落"及"翻页"命令制作翻页效果。）

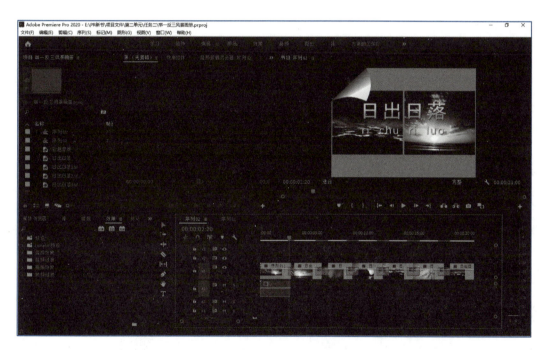

图 2-24 举一反三——制作风景画册

任务三 自定义转场

任务描述

对于在视频制作过程中的画面切换，没有特殊要求的可以用直接切换方式，有特殊要求的则需要用适当的方式进行转场操作。Premiere 软件提供了大量的转场特效供制作者选择，还可以在某些转场设置中进行自定义设置，用户可以根据自己的需要，使用自定义的方式尝试更多的转场效果。实例效果如图 2-25 所示。

图 2-25　自定义转场的实例效果

知识点：制作灰度图、渐变擦除转场。

 自己动手

新建工程文件：

1. 同第一单元任务二中的步骤 1 和步骤 2。

2. 输入新建工程文件的名称"自定义转场"。

导入素材文件：

3. 选择菜单"文件"→"导入"命令导入素材，在弹出的"导入"对话框中选择"风光 1. tif"～"风光 4. tif" 4 个图片素材，单击"打开"按钮将其导入，在项目窗口中可以看到这些素材的默认长度为 3 秒，如图 2-26 所示。

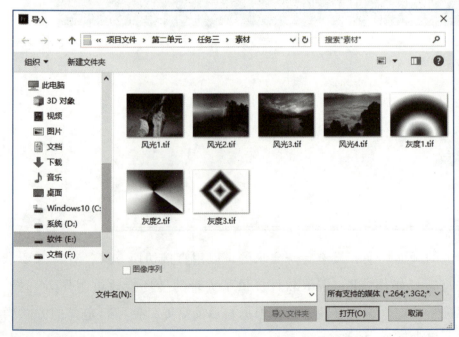

图 2-26　导入图片素材

4. 查看这 4 个图片素材，如图 2-27 所示。

图 2-27　图片素材内容

5. 另外准备 3 个灰度图素材"灰度 1. tif"~"灰度 3. tif"，这 3 个素材不导入项目窗口中，但在转场操作中会用到灰度图效果，如图 2-28 所示。

 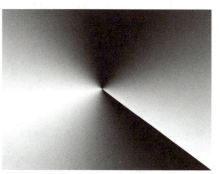 

图 2-28　灰度图素材内容

制作自定义转场：

6. 从项目窗口中将"风光 1. tif"~"风光 4. tif"4 个图片素材拖动至时间轴的 V1 轨道中。

7. 从"效果"窗口中展开"视频过渡"下的"擦除"，选择"渐变擦除"，将其拖动至时间轴 V1 轨道上"风光 1. tif"与"风光 2. tif"的剪切点位置上，准备为其添加一个以剪切点"中心切入"的转场，如图 2-29 所示。

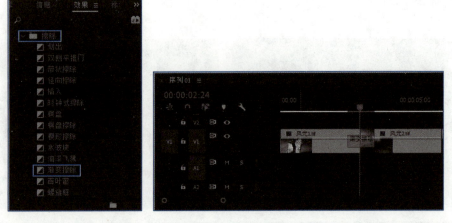

图 2-29 添加"渐变擦除"转场

8. 添加"渐变擦除"转场时，会弹出"渐变擦除设置"对话框，从中单击"选择图像"按钮，弹出"打开"对话框，选择参考的图形文件"灰度1.tif"，如图 2-30 所示。

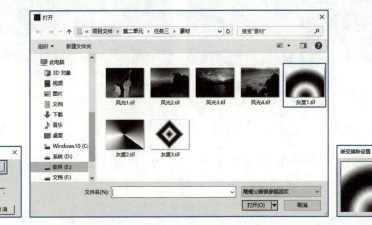

图 2-30 选择灰度图

 提个醒

在添加"渐变擦除"转场时，在弹出的"渐变擦除设置"对话框中如果不选择图形文件而直接单击"确定"按钮，也可以实现默认的转场效果，这是一个从左上方至右下方的渐变过渡方式。

9. 查看转场效果，如图 2-31 所示。

10. 可以在时间轴中选中"渐变擦除"转场，在"效果控件"窗口中单击"自定义"按钮，在打开的"渐变擦除设置"对话框中，将原来默认值为10的"柔和度"设为0，查看转场效果。然后再将"柔和度"设为35，查看转场效果，会发现参考图形的边缘随着柔和度数值的增大而变虚，如图 2-32 所示。

图 2-31　查看自定义转场效果

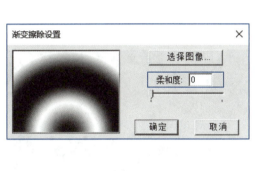

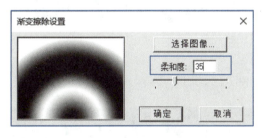

图 2-32　设置转场边缘虚化效果

添加其他自定义转场效果：

11. 从"效果"窗口中展开"视频过渡"下的"擦除"，选择"渐变擦除"，将其拖动至时间轴 V1 轨道上"风光 2. tif"与"风光 3. tif"的剪切点位置上，为其添加一个以剪切点"中心切入"的转场。添加"渐变擦除"转场时，会弹出"渐变擦除设置"对话框，从中单击"选择图像"按钮，弹出"打开"对话框，选择参考的图形文件"灰度 2. tif"，如图 2-33 所示。

12. 从"效果"窗口中展开"视频过渡"下的"擦除"，选择"渐变擦除"，将其拖动至时间轴 V1 轨道上"风光 3. tif"与"风光 4. tif"的剪切点位置上，为其添加一个以剪切点"中心切入"的转场。添加"渐变擦除"转场时，会弹出"渐变擦除设置"对话框，从中单击"选择图像"按钮，弹出"打开"对话框，选择参考的图形文件"灰度 3.tif"，如图 2-34 所示。

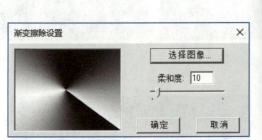

图 2-33　第 2 个灰度图的转场效果

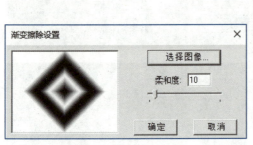

图 2-34　第 3 个灰度图的转场效果

13. 预览最后的效果。图片素材之间根据不同的灰度图进行转场变换，如图 2-35 所示。

图 2-35　预览最终效果

14. 输出最终结果。

举一反三

新建一个工程文件，导入素材图片文件和灰度图文件，使用本任务的方法，制作一个自定义转场效果的视频文件，如图 2-36 所示。（本任务使用 Premiere "效果" 窗口中的 "视频过渡" → "擦除" → "渐变擦除" 命令制作转场效果。）

图 2-36　举一反三——自定义转场

任务四　卷 轴 古 画

任务描述

本任务将使用转场效果来展示一幅画。在影视作品中经常可以看到一幅古画在画面中慢慢展开的过程，这种效果在音视频编辑中经常会用到，这个效果也可以通过一个转场来实现，只是根据需要，这个转场的时间长度更长一些。实例效果如图 2-37 所示。

图 2-37　卷轴古画的实例效果

知识点："划出"转场、颜色遮罩关键帧。

自己动手

新建工程文件：

1. 同第一单元任务二中的步骤 1 和步骤 2。

2. 输入新建工程文件的名称"卷轴古画"。

导入素材文件：

3. 选择菜单"文件"→"导入"命令导入素材，在弹出的"导入"对话框中选择"古画.tif"，单击"打开"按钮，将其导入。

4. 查看素材，这是一个画面为长方形的图像文件，素材图为一张高度大于宽度的古画，时间长度为 3 秒，如图 2-38 所示。

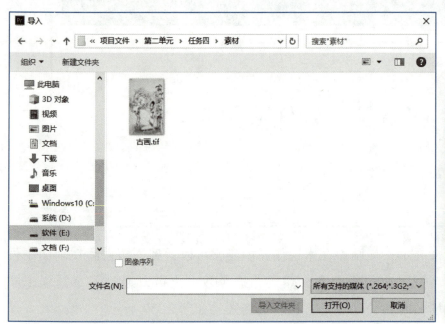

图 2-38　导入并观察素材

5. 将这个文件素材的长度在项目窗口中修改为 5 秒，方法是用鼠标在文件上右击，在弹出的菜单中选择"速度/持续时间"命令，打开"剪辑速度/持续时间"对话框，在该对话框中将时间长度修改为 5 秒，单击"确定"按钮，再查看其时间长度已经被修改为 5 秒，如图 2-39 所示。

图 2-39　修改素材时间长度

提个醒

在项目窗口中选中素材文件，然后选择菜单"剪辑"→"速度/持续时间"命令（快捷键为 Ctrl+R），也可以打开"剪辑速度/持续时间"对话框。但是对于动态的视频素材文件，在更改其时间长度后，文件的播放速度也会产生变化。

制作卷轴画转场：

6. 在项目窗口中单击"新建"按钮■，在弹出的菜单中选择"颜色遮罩"命令，打开"拾色器"对话框，将 RGB 值分别设置为（R:200；G:138；B:32），单击"确定"按钮，这样在项目窗口中建立了一个棕色的颜色遮罩。

7. 同样，在项目窗口中单击"新建"按钮■，在弹出的菜单中选择"颜色遮罩"命令，打开"拾色器"对话框，将 RGB 值分别设置为（R:162；G:162；B:150），单击"确定"按钮，这样在项目窗口中建立了另一个灰色的颜色遮罩，如图 2-40 所示。

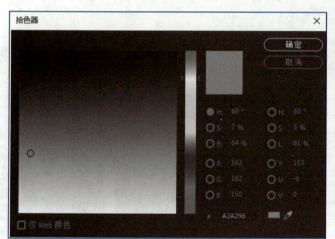

图 2-40　建立灰色的颜色遮罩

8. 从项目窗口中将灰色颜色遮罩拖动至时间轴的 V1 轨道中，将"古画.tif"拖动至时间轴 V2 轨道中，同时将颜色遮罩的长度与"古画.tif"保持一致。

9. 打开"效果控件"窗口，在其中修改位置的数值为（360，290），如图 2-41 所示。

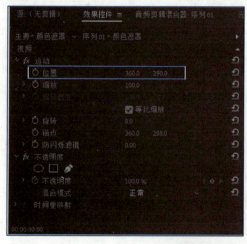

图 2-41　修改素材尺寸

10. 打开"效果"窗口，展开"视频过渡"下的"擦除"，选择"划出"，将其拖至时间轴 V2 轨道上"古画.tif"的入点位置，如图 2-42 所示。

图 2-42 设置"划出"效果

11. 在时间轴 V2 轨道中，选中"古画"剪辑上的"划出"转场，在"效果控件"窗口中将其持续时间数值修改为 4 秒，将窗口左上的转场方向图标修改为自上而下，如图 2-43 所示。

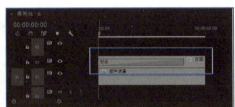

图 2-43 修改"划出"命令持续时间

12. 查看转场效果，如图 2-44 所示。

图 2-44 查看转场效果

制作卷轴动画：

13. 从窗口中将棕色颜色遮罩拖动至时间轴的 V3 轨道中，同时将其长度调整与素材"古画.tif"一致。

14. 在时间轴中，选中 V3 轨道上的棕色颜色遮罩，在其"效果控件"窗口中取消选中"等比缩放"复选框，设置缩放高度为 67，缩放宽度为 3，将旋转设置为 90°，如图 2-45 所示。

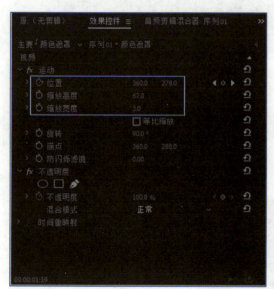

图 2-45　设置棕色颜色遮罩

15. 将时间指针移动至第 0 秒时，单击打开位置前面的码表，添加一个动画关键帧，将位置设为（360，0）。将时间指针移动至第 4 秒时，将位置设为（360，640），如图 2-46 所示。

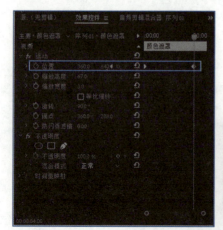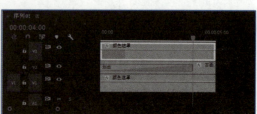

图 2-46　设置动画

16. 预览最后的效果。一张古画缓缓展开，如图 2-37 所示。

 举一反三

新建一个工程文件，导入素材图片文件，使用本任务的方法，制作一个卷轴画效果，如图 2-47 所示。（本任务使用 Premiere 制作卷轴动画，包括：在项目窗口中应用"速度/持续时间"命令对素材持续时间进行设置，新建颜色遮罩制作卷轴，在"效果控件"窗口中设置卷轴位移动画，使用"效果"窗口中的"视频过渡"→"擦除"→"划出"命令制作转场效果。

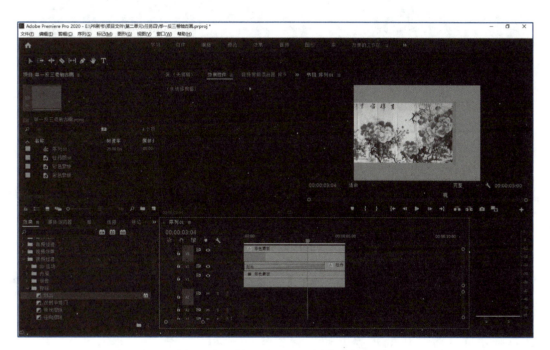

图 2-47　举一反三——制作卷轴画

任务五　多层转场特效

 任务描述

Premiere 软件提供的强大转场功能可以生成多种令人炫目的转场特效，如果多个转场同时出现在一个画面上，则会出现更加绚丽的效果，本任务就进行一个多层转场特效的实例制作。实例效果如图 2-48 所示。

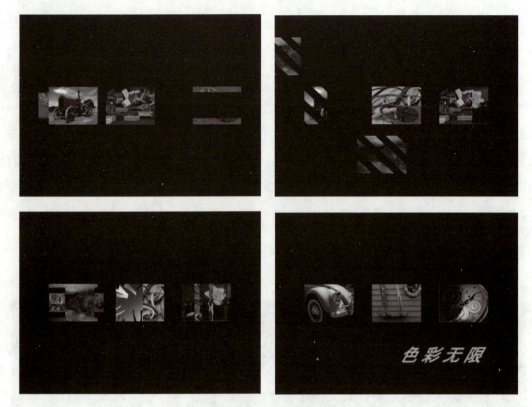

图 2-48 多层转场特效的实例效果

知识点：同时在多个轨道上运用转场。

自己动手

新建工程文件：

1. 同第一单元任务二中的步骤 1 和步骤 2。

2. 输入新建工程文件的名称"多层转场特效"。

导入素材文件：

3. 选择菜单"编辑"→"首选项"→"时间轴"命令，打开"首选项"对话框，修改"视频过渡默认持续时间"为 25 帧，即 1 秒，同样将"静止图像默认持续时间"修改为 100 帧，即 4 秒，然后单击"确定"按钮。

4. 选择菜单"文件"→"导入"命令导入素材，在弹出的"导入"对话框中，选择"图 1. TIF"~"图 15. TIF"15 个图片素材和"色彩无限 . prtl"，单击"打开"按钮将其导入，在项目窗口中可以看出这些素材的长度为 4 秒，如图 2-49 所示。

5. 查看素材，"图 1. TIF"~"图 15. TIF"是 15 张色彩绚丽的图片素材，"色彩无限 . prtl"是一个字幕文件，部分素材内容如图 2-50 所示。

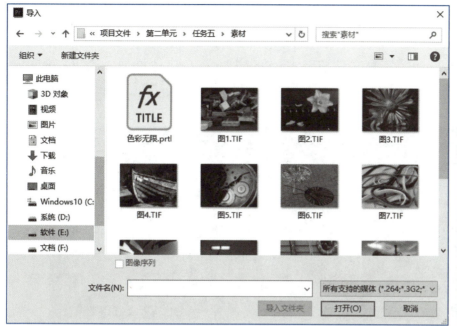

图 2-49　导入素材文件

图 2-50　部分素材内容

将素材文件放到时间轴面板：

6. 从项目窗口中依次选择"图 1. TIF"~"图 5. TIF" 5 张图片，将其拖入时间轴的 V1 轨道中。

7. 再依次选择"图6. TIF"~"图10. TIF"5张图片，将其拖入时间轴的V2轨道中。

8. 再依次选择"图11. TIF"~"图15. TIF"5张图片，将其拖入时间轴的V3轨道中。

9. 最后将"色彩无限 . prtl"字幕文件拖至V3轨道上方，会自动添加一个V4轨道，与其他轨道上的素材对齐，如图2-51所示。

图2-51　放置素材

设置图片的尺寸和位置：

10. 选择时间轴上V3轨道中的"图11. TIF"，在"效果控件"窗口中将其尺寸缩放设置为25，将其位置设置为（160，288）。对于V3轨道中其他图片的尺寸和位置也做相同设置。

11. 选择时间轴上V2轨道中的"图6. TIF"，在"效果控件"窗口中将其尺寸缩放设置为25，将其位置设置为（360，288）。对于V2轨道中其他图片的尺寸和位置也做相同设置。

12. 选择时间轴上V1轨道中的"图1. TIF"，在"效果控件"窗口中将其尺寸缩放设置为25，将其位置设置为（560，288）。对于V1轨道中其他图片的尺寸和位置也做相同设置，如图2-52所示。

 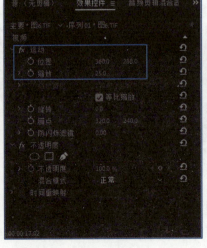 

图2-52　设置素材的尺寸和位置

13. 查看素材放置效果，如图 2-53 所示。

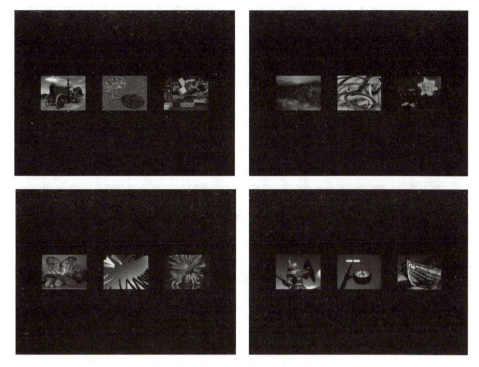

图 2-53　查看放置效果

添加转场：

14. 打开"效果"窗口，展开"视频过渡"下的"内滑"，选择"中心拆分"，将其拖动至时间轴上 V3 轨道中的"图 11. TIF"的入点位置上，为其添加一个划入转场。

15. 选择"内滑"下的"带状滑动"，将其拖动至时间轴上 V2 轨道中的"图 6. TIF"的入点位置，为其添加一个划入转场。

16. 选择"内滑"下的"推"，将其拖动至时间轴上 V1 轨道中的"图 1. TIF"的入点位置，为其添加一个划入转场，如图 2-54 所示。

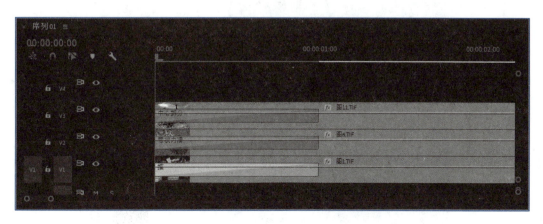

图 2-54　在第 1 秒添加不同划入转场

17. 查看第 1 秒划入转场效果，如图 2-55 所示。

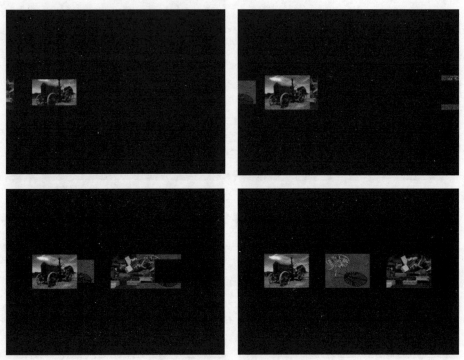

图 2-55 第 1 秒转场效果

18. 选择"带状内滑"，将其拖动至时间轴上 V3 轨道中的"图 11.TIF"和"图 12.TIF"的剪切点位置，为其添加一个转场，在"效果控件"窗口中将"带状内滑"的方向改为斜向，单击"自定义"按钮，在弹出的"带状内滑设置"对话框中对"带数量"进行设置。同样选择合适的转场分别添加到 V2 轨道和 V1 轨道中的图片剪切点位置处，并对转场效果属性进行设置，如图 2-56 所示。

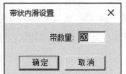

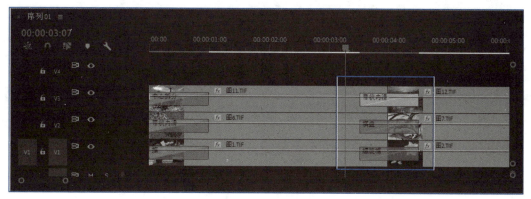

图 2-56　在第 4 秒添加转场

19. 查看第 4 秒处的转场效果，如图 2-57 所示。

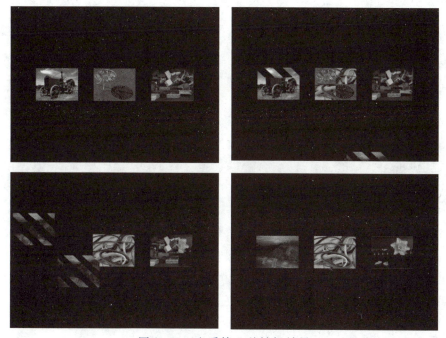

图 2-57　查看第 4 秒转场效果

20. 同样，选择合适的转场添加到 3 个轨道中其他图片素材的剪切点处。选择"百叶窗"，添加到"色彩无限.prtl"的入点处，为字幕文字也添加一个划入转场，如图 2-58 所示。

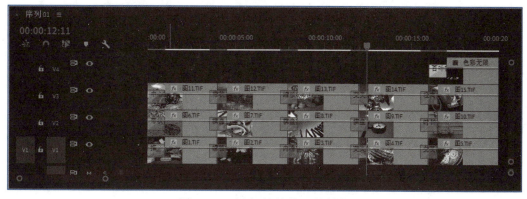

图 2-58　添加其他位置的转场

21. 查看其他转场效果，并输出渲染视频文件，如图 2-48 所示。

举一反三

新建一个工程文件，导入素材图片文件，使用本任务的方法，制作在同一画面中出现多层轨道的转场特效，如图 2-59 所示。（本任务可随机选用多种转场命令进行视频切换，实现 Premiere 中的多轨道重叠效果。）

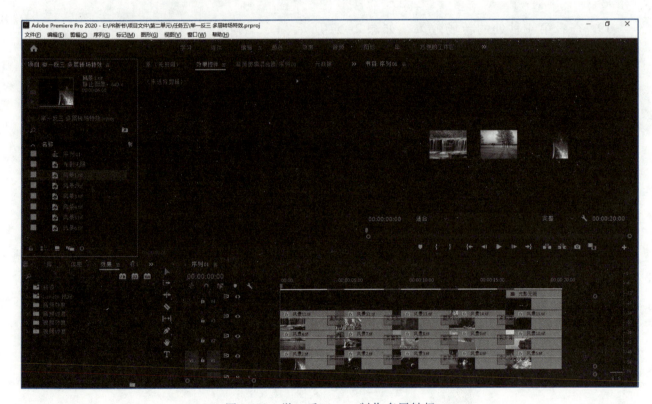

图 2-59　举一反三——制作多层转场

任务六　画中画效果

任务描述

在影视作品中经常出现画中画效果，转场效果应用到画中画上有时会出现更特别的效果，本任务将介绍一个画中画的转场效果实例。实例效果如图 2-60 所示。

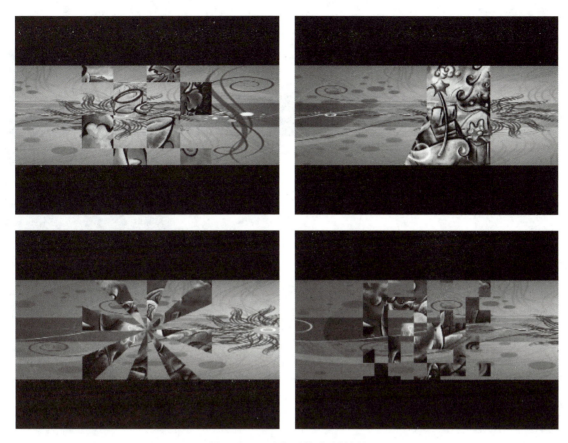

图 2-60　画中画的实例效果

知识点：画中画的转场效果。

 自己动手

新建工程文件：

1. 同第一单元任务二中的步骤 1 和步骤 2。

2. 输入新建工程文件的名称"画中画"。

导入素材文件：

3. 修改将要导入的图片素材的播放时间和转场效果持续时间。选择菜单"编辑"→"首选项"→"时间轴"命令，打开"首选项"对话框，修改"视频过渡默认持续时间"为 50 帧，即 2 秒，同样将"静止图像默认持续时间"修改为 125 帧，即 5 秒，然后单击"确定"按钮。

4. 选择菜单"文件"→"导入"命令导入素材，在弹出的"导入"对话框中选择"01. tif"~"05. tif"和"长背景 . tif"，单击"打开"按钮将其导入，在项目窗口中可以看出这些素材的默认长度为 5 秒，如图 2-61 所示。

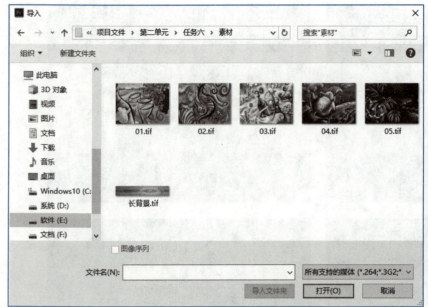

图 2-61 导入素材文件

5. 查看素材,"01. tif"~"05. tif"是 5 张装饰画图片,"长背景 . tif"是一个长 1 668 像素、宽 288 像素的图片,如图 2-62 所示。

图 2-62 "长背景 . tif"画面

将素材文件放到时间轴面板:

6. 从项目窗口中依次选择"01. tif"~"05. tif",将其分别拖入时间轴的 V2 轨道中。

7. 选择"02. tif"和"04. tif",将其在原位置上拖至时间轴的 V3 轨道中,这是为了后面单独为每个装饰画图片添加转场效果,而不是两个图片之间的转场效果。

> **提个醒**
>
> 在两个相邻素材之间添加转场时,如果不想将这个转场同时应用到两个素材上,可以错开这两个素材的轨道,即将两个素材放置在不同的轨道中。这样就可以单独在一个素材的出点处添加转场,在另外一个素材的入点处添加转场。

8. 从项目窗口中选择"长背景.tif"图片,将其拖动至时间轴的 V1 轨道中,并将其长度拖动至与 V2 轨道相等,如图 2-63 所示。

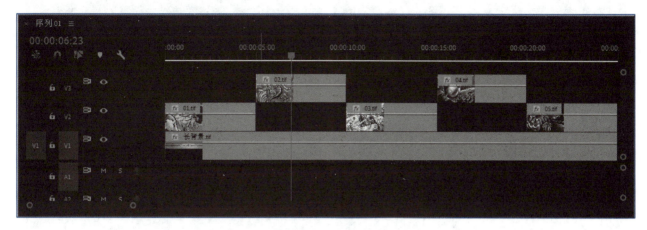

图 2-63 放置素材

设置图片素材:

9. 选择时间轴上的"01.tif",在"效果控件"窗口中将其缩放比例设为 60,如图 2-64 所示。

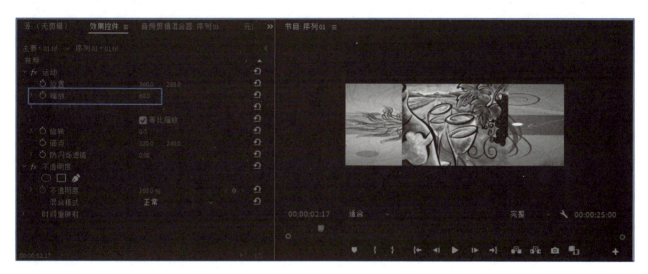

图 2-64 设置图片尺寸

10. 在"效果控件"窗口中,单击选中"01.tif"的"运动",按快捷键 Ctrl+C 进行复制,在时间轴中选中"02.tif"~"05.tif",按快捷键 Ctrl+V 进行粘贴,使这几个图片的缩放比例均被修改为 60,这样将装饰画图片做成画中画效果。

11. 选择"长背景.tif"图片,在当前时间为第 0 秒时,单击打开位置前面的码表,添加一个动画关键帧,将位置设为(-100,288)。将时间指针移动至第 24 秒 24 帧时,将位置设为(800,288)。这样制作一个图片的平移效果,如图 2-65 所示。

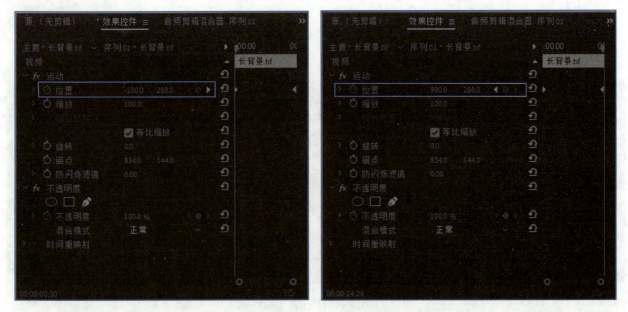

图 2-65　设置图片平移效果

添加转场效果：

12. 打开"效果"窗口，展开"视频过渡"下的"擦除"，选择"带状擦除"，将其拖至时间轴 V2 轨道上"01.tif"的入点位置，为其添加一个转场，如图 2-66 所示。

图 2-66　在"01.tif"入点添加转场

13. 再选择"棋盘"。将其拖至"01.tif"的出点位置，为其添加一个转场，如图 2-67 所示。

14. 同样，在"视频过渡"的"擦除"之下，分别为"02.tif"~"05.tif"的出点和入点添加转场效果。这里在"02.tif"入点添加"双侧平推门"、出点添加"棋盘擦除"，为"03.tif"入点添加"时钟式擦除"、出点添加"插入"，为"04.tif"入点添加"风车"、出点添加"随机块"，为"05.tif"入点添加"随机擦除"、出点添加"螺旋框"，如图 2-68 所示。

图 2-67　在"01.tif"出点添加转场

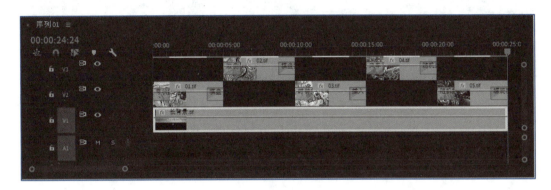

图 2-68　添加其他转场效果

15. 预览最后的效果。查看生成的画中画效果，如图 2-60 所示。

 知识拓展

　　在视频处理中，转场效果可以运用到两段素材的连接处，也可以运用到同一段素材的起始处和末尾处作为划入划出效果来处理。在使用 Premiere 软件进行视频编辑时，需要注意的是，如果使用不同转场效果来进行划入划出制作，如果被添加效果的两段素材处于同一时间线上且首尾相接，则在这两段素材的切换处添加转场时，转场效果会直接同时应用在这两段素材之上，而不是作为划入划出效果出现。

 举一反三

　　新建一个工程文件，导入素材图片文件，使用本任务的方法，制作画中画效果，如图 2-69 所示。（本任务使用 Premiere 制作画中画效果，可随机选用多种转场命令完成视频切换实现时间轴面板的多轨道重叠效果。）

图 2-69　举一反三——制作画中画效果

应用视频效果

Premiere 中的视频特效按照不同的分类，被放置在不同的文件夹中。本单元将使用其中的部分命令来演示视频特效的制作方法。

任 务 一   色 彩 调 节

 任务描述

色彩校正又称为调色，是对视频画面颜色和亮度等相关信息的调整，使其能够表现某种感觉或意境，或者对画面中的偏色进行校正，以满足制作上的需求。在视频处理中调色是一个相当重要的环节，其结果甚至可以决定影片的画面基调。

本任务在选择素材时使用具有透明信息层的 PSD 图像，使得在调整汽车车身的颜色时，图片的其他颜色不受影响。在添加调色效果时，使用"颜色平衡"效果，可以通过调整参数的数值观察画面色彩的变换来掌握"颜色平衡"的参数设置规律。同时使用"色彩校正"界面给调色操作带来很大的便利。色彩调节的实例效果如图 3-1 所示。

图 3-1   色彩调节的实例效果

知识点：使用"颜色平衡"调整画面颜色。

新建工程文件：

1. 同第一单元任务二中的步骤 1 和步骤 2。

2. 输入新建工程文件的名称"色彩调节"。

导入素材文件：

3. 选择菜单"文件"→"导入"命令导入素材，在弹出的"导入"对话框中，选择"汽车.psd"，如图 3-2 所示。

图 3-2　导入 PSD 文件

4. 查看素材，这是一个有两个图层的 PSD 格式的图像文件，素材图为汽车和背景的合成层，汽车图层为从背景中分离出来的有透明背景的汽车图像。这两个图层如图 3-3 所示。

图 3-3　PSD 文件中的图层内容

将素材文件放到时间轴面板：

5. 从项目窗口中，选择"汽车车身.psd"，将其拖入时间轴的 V2 轨道中，并用同样的操作从项目窗口中再拖 4 次，接连排列在 V2 轨道中。这样放置了 5 段，每段为 2 秒，时间总长度为 10 秒。

6. 选择"背景.psd"，将其拖至时间轴的 V1 轨道中，并将其长度也拖至 10 秒，这样使 V1 轨道和 V2 轨道素材等长，如图 3-4 所示。

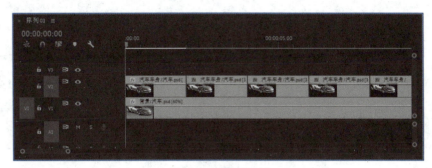

图 3-4　放置素材

应用调色效果：

7. 从"效果控件"窗口中展开"视频效果"下的"颜色平衡"，将其拖至时间轴的 V2 轨道中的第 2 段图片上，准备设置"颜色平衡"效果。常规的软件操作界面为编辑界面，当前界面为第一单元任务一中自定义的"方便的工作区"界面，Premiere Pro 2020 版本为了方便各种编辑操作，在顶部的"工作区"面板提供了针对不同编辑的预定义工作区，为了调节色彩效果，可以将软件的操作界面更换为"色彩校正"界面。编辑界面如图 3-5 所示。

图 3-5　编辑界面

8. "色彩校正"界面（快捷键为 Alt+Shift+6）如图 3-6 所示。

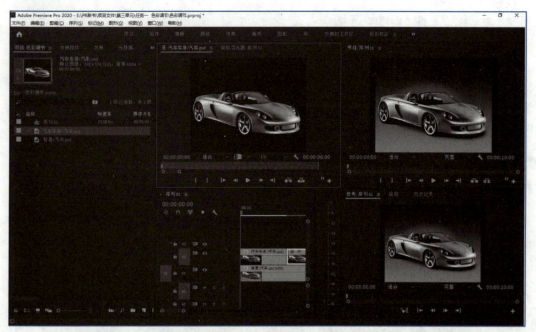

图 3-6　"色彩校正"界面

　提个醒

　　在进行调色工作之前，需要为其设置工作空间。软件内置了专用的"色彩校正"工作空间。选择菜单"窗口"→"工作区"→"色彩校正"命令，可以调出"色彩校正"界面，并在参考监视器中选择一种所需要的矢量或波形监视器。

　　9. 将第 2 段图片素材中的汽车调整为红色，在"效果控件"窗口中对"颜色平衡"进行设置："阴影红色平衡"设为 100，"阴影绿色平衡"设为-100，"中间调蓝色平衡"设为-100，"高光蓝色平衡"设为-100，如图 3-7 所示。

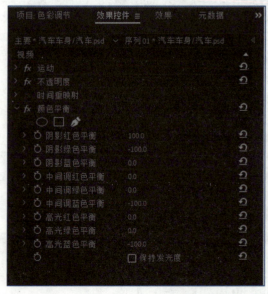

图 3-7　设置汽车为红色

小知识

"颜色平衡"效果可以改变素材片段中的红、绿、蓝三种颜色的比例。每种颜色又被分为阴影、中间调和高光三个区段。每个属性滑块处于中点表示没有改变原色彩；设置为-100，表示移除所有属性颜色；而设置为100，表示加倍增强属性颜色。

10. 将第3段图片素材中的汽车调整为绿色，在"效果控件"窗口中对"颜色平衡"进行设置："阴影蓝色平衡"设为-100，"中间调红色平衡"设为-100，"中间调绿色平衡"设为100，"高光绿色平衡"设为-100，如图3-8所示。

图3-8　设置汽车为绿色

11. 将第4段图片素材中的汽车调整为蓝色，在"效果控件"窗口中对"颜色平衡"进行设置："阴影红色平衡"设为-100，"中间调蓝色平衡"设为100，"高光绿色平衡"设为-100，"高光蓝色平衡"设为100，如图3-9所示。

图3-9　设置汽车为蓝色

12. 将第 5 段图片素材中的汽车调整为紫色，在"效果控件"窗口中对"颜色平衡"进行设置："阴影红色平衡"设为 100，"阴影绿色平衡"设为 –100，"中间调红色平衡"设为 100，"高光红色平衡"设为 –100，"高光蓝色平衡"设为 100，如图 3–10所示。

图 3–10　设置汽车为紫色

为不同颜色的汽车添加转场：

13. 颜色调整完毕后，单击"工作区"面板上的"方便的工作区"，将软件的操作界面更换为"方便的工作区"界面，或者按快捷键 Alt+Shift+1，直接切换为"编辑"界面，方便对时间线的操作。

14. 确认选中 V2 轨道，使其处于高亮状态，按键盘上的方向键"↑"或"↓"，将时间指针分别放在几个图片素材的剪切点处，按快捷键 Ctrl+D 添加默认的"交叉溶解"转场，如图 3–11 所示。

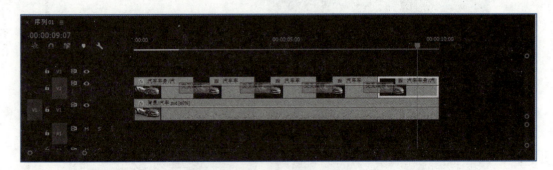

图 3–11　添加转场

15. 预览最后的效果。汽车依次转换过渡为几种不同的颜色。

知识拓展

　　在视频处理中，色彩校正包括对画面色相和亮度等色彩信息的调整。调节视频片段的颜色和亮度，可以创建一种感情基调，并可以对视频画面中过亮、过暗或偏色的部分进行校正，以满足广播级播放标准。某些调色效果还可以起到强调影片细节的作用。

　　软件的调色效果存储于"效果"窗口中视频效果的"色彩校正"子文件夹下。虽然使用某些其他和色彩相关的效果也可以起到调色的作用，但是，"色彩校正"文件夹中的调色效果是为专业的调色而设计的。

举一反三

　　新建一个工程文件，导入素材图片文件，使用本任务的方法，将红色的花朵调成黄色的花朵，如图3-12所示。（本任务使用Premiere视频特效为视频素材实现调色操作，应用软件窗口选项下的"色彩校正"界面，使用"效果控件"窗口中的"视频效果"→"颜色平衡"命令对视频进行调色。）

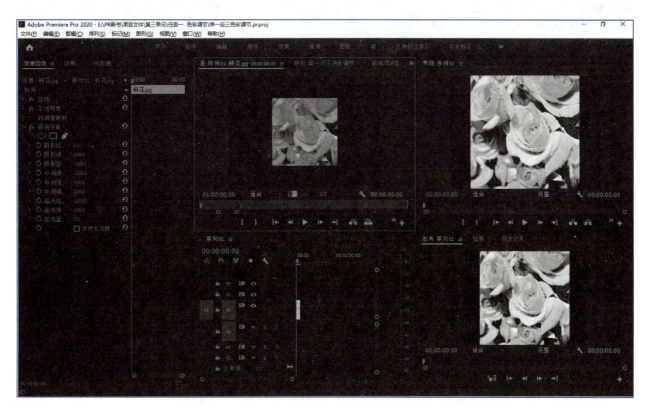

图3-12　举一反三——色彩调节

任务二 画面变形

任务描述

本任务制作一个画中画效果，将一幅素材图缩小尺寸，并进行适当的变形，然后将其放置到另一个素材屏幕画面中，主要应用"边角定位"效果，这个命令使用直观，调整素材的4个角点指定到一定位置即可将其变形。另外还添加了"网格"效果。素材和实例效果如图3-13所示。

图3-13　画面变形的实例效果

知识点：使用"边角定位"效果和"网格"效果。

自己动手

新建工程文件：

1. 同第一单元任务二中的步骤1和步骤2。

2. 输入新建工程文件的名称"画面变形"。

导入素材文件：

3. 选择菜单"文件"→"导入"命令导入素材，在弹出的"导入"对话框中，选择两个素材图片"屏幕.jpg"和"卡通.jpg"，单击"打开"按钮导入素材，如图3-14所示。

4. 查看这两个图片素材，如图3-15所示。

图 3-14　导入素材图片

图 3-15　图片内容

将素材文件放到时间轴面板：

5. 从项目窗口中，选择"屏幕.jpg"，将其拖入时间轴的 V1 轨道中。

6. 选择"卡通.jpg"，将其拖至时间轴的 V2 轨道中，准备将其进行缩放和变形，放置到 V1 轨道中"屏幕.jpg"画面中央位置上。

应用边角定位效果：

7. 从"效果"窗口中展开"视频效果"下的"扭曲"，从中选择"边角定位"，将其拖至时间轴的 V2 轨道中的"卡通.jpg"图片素材上，如图 3-16 所示。

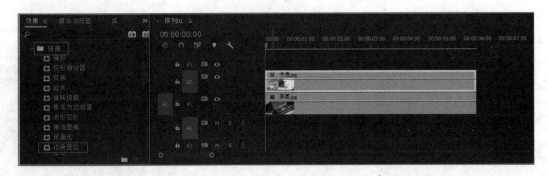

图 3-16　添加"边角定位"

8. 在"效果控件"窗口中单击选中"边角定位"后，在预览窗口中可以看到 4 个坐标点，如图 3-17 所示。

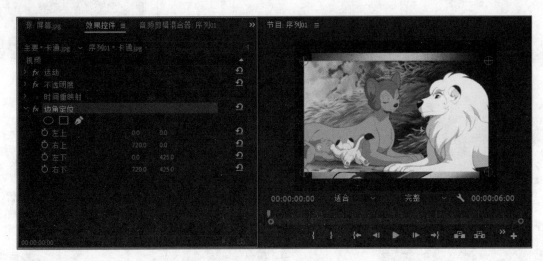

图 3-17　查看 4 个角的位置点

9. 用鼠标拖动 4 个位置点，将"卡通.jpg"图片缩小，并参照下层的"屏幕.jpg"中图片位置，将画面调整至合适的大小，如图 3-18 所示。

图 3-18　调整画面形状和大小

应用网格效果：

10. 在屏幕上添加网格效果。从"效果"窗口中展开"视频效果"下的"生成"，从中选择"网格"，将其拖至时间轴的 V2 轨道中的"卡通.jpg"图片素材上，如图 3-19 所示。

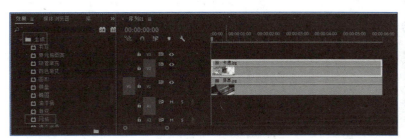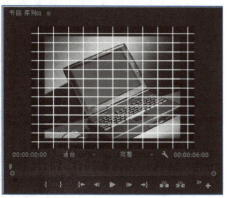

图 3-19　添加"网格"

11. 在"效果控件"窗口中单击选中"网格"后，将其拖至"边角定位"的上方。

提个醒

在使用多个效果的时候，顺序是有要求的，先后次序对最终结果有影响。本任务将"网格"效果放到"边角定位"效果的上面，否则就达不到所需要的效果。

12. 对"网格"进行如下设置：定位点为（362，288），边角为（233，208），颜色的设置为（R:96；G:53；B:12），并将混合模式设为正常方式，如图 3-20 所示。

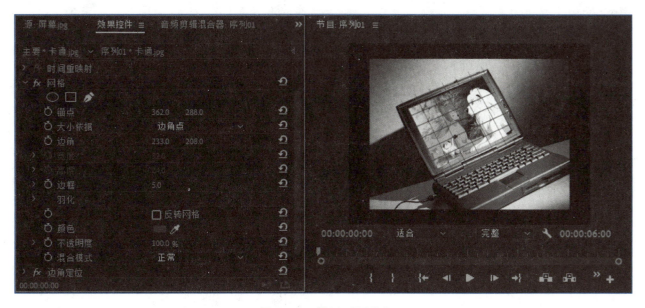

图 3-20　设置"网格"

知识拓展

本次任务使用了"扭曲"子文件的"边角定位"效果和"生成"子文件的"网格"效果。

1．"扭曲"效果主要是通过各种运算方式，对画面施加扭曲变形，从而达到某种特殊效果。其中包含12种不同的效果。

① 边角定位：边角定位效果通过更改每个角的位置来扭曲图像。使用此效果可拉伸、收缩、倾斜或扭曲图像，或用于模拟沿剪辑边缘旋转的透视或运动（如开门）。

② 镜头扭曲：模拟透过扭曲镜头查看剪辑。

③ 放大：扩大图像的整体或一部分。此效果的作用类似于在图像某区域放置放大镜，或也可将其用于在保持分辨率的情况下使整个图像放大远远超出100%。

④ 镜像：镜像效果沿一条线拆分图像，然后将一侧反射到另一侧。

⑤ 偏移：偏移效果在剪辑内平移图像。脱离图像一侧的视觉信息会在对面出现。

⑥ 球面化：球面化效果通过将图像区域包裹到球面上来扭曲图层，可以产生三维透视的感觉。

⑦ 变形稳定器：可消除因摄像机移动造成的抖动，从而可将手持摄像机拍摄的晃动的素材转变为稳定、流畅的素材。

⑧ 变换：将二维几何变换应用于剪辑。如果要在渲染其他标准效果之前渲染剪辑锚点、位置、缩放或不透明度设置，请应用变换效果，而不要使用剪辑固定效果。"锚点""位置""旋转""缩放"及"不透明度"属性的功能非常类似于固定效果。

⑨ 湍流置换：使用不规则杂色在图像中创建湍流扭曲。例如，将其用于创建流水、哈哈镜和飞舞的旗帜。

⑩ 旋转扭曲：通过围绕剪辑中心旋转剪辑来扭曲图像。图像在中心的扭曲程度大于边缘的扭曲程度，在极端设置下会造成旋涡结果。

⑪ 波形变形：产生在图像中移动的波形外观。可以产生各种不同的波形形状，包括正方形、圆形和正弦波。波形变形效果横跨整个时间范围以恒定速度自动动画化（没有关键帧）。要改变速度，需要设置关键帧。

⑫ 果冻效应修复：修复由于果冻效应造成的扭曲伪像。

2．"生成"效果主要是通过对素材画面进行渲染计算，生成一些特殊效果。其中包含12种不同的效果。

① 四色渐变：四色渐变效果可产生四色渐变。通过4个效果点、位置和颜色（可使用"位置和颜色"控件予以动画化）来定义渐变。渐变包括混合在一起的4个纯色环，每个环都有一个效果点作为其中心。

②　单元格图案：生成基于单元格杂色的单元格图案。使用此效果可创建静态或移动的背景纹理和图案。图案可依次用作纹理遮罩、过渡映射或置换映射源。

③　棋盘：创建由矩形组成的棋盘图案，其中一半是透明的。

④　圆形：创建一个自定义的圆形或圆环。

⑤　吸管填充：将采样的颜色应用于源剪辑。此效果可用于从原始剪辑上的采样点快速挑选纯色，或从一个剪辑挑选颜色值，然后使用混合模式将此颜色应用于第二个剪辑。

⑥　网格：创建可自定义的网格。可在颜色遮罩中渲染此网格，或在源剪辑的 Alpha 通道中将此网格渲染为蒙版。此效果有益于生成可应用其他效果的设计元素和遮罩。

⑦　镜头光晕：模拟将强光投射到摄像机镜头中时产生的折射所造成的镜头光晕效果。

⑧　闪电：在剪辑的两个指定点之间创建闪电、雅各布天梯和其他电化视觉效果。闪电效果在剪辑的时间范围内自动动画化，无须使用关键帧。

⑨　油漆桶：使用纯色来填充区域的非破坏性油漆效果。其原理非常类似于 Adobe Photoshop 中的"油漆桶"工具。"油漆桶"用于给漫画类型轮廓图着色，或用于替换图像中的颜色区域。

⑩　渐变：创建颜色渐变。可以创建线性渐变或径向渐变，并随时间推移而改变渐变位置和颜色。使用"渐变起点"和"渐变终点"属性可指定起始位置和结束位置。使用"渐变扩散"控件可使渐变颜色分散并消除色带。

⑪　书写：对素材画面中的笔画施加动画，以模拟书写的效果。

⑫　椭圆：按照在"效果控件"窗口中设置的尺寸，绘制一个椭圆。

举一反三

新建一个工程文件，导入两张素材图片文件，使用本任务的方法，将其中一张素材图片文件变形后放置到计算机屏幕图片文件中，如图 3-21 所示。（本任务使用 Premiere 制作画面变形效果，应用"效果"窗口中的"视频效果"→"扭曲"→"边角定位"命令实现画面变形效果。）

图 3-21　举一反三——画面变形

任务三 青山倒影

任务描述

利用 Premiere 可以制作出许多现实中不能出现的效果，青山倒影的景观就可以通过软件制作出来。本任务主要使用"镜像"效果来制作水中的青山倒影效果。

"镜像"效果的使用比较简单，只需在两项参数中进行设置，从而产生需要的效果。此外利用水面的素材和光照烘托，使水里青山的倒影效果更加显著。本任务同时应用了多个视频效果，因此熟练掌握多种效果的协调使用，才可以生成满意的视频效果。素材与实例效果如图 3-22 所示。

图 3-22 青山倒影的实例效果

知识点：使用"镜像"效果。

自己动手

新建工程文件：

1. 同第一单元任务二中的步骤 1 和步骤 2。

2. 输入新建工程文件的名称"青山倒影"。

导入素材文件：

3. 选择菜单"文件"→"导入"命令导入素材，在弹出的"导入"对话框中，选择"绿水.jpg"和"青山.jpg"素材文件，将其导入到项目窗口中，如图 3-23 所示。

4. 查看这两个图片素材，如图 3-24 所示。

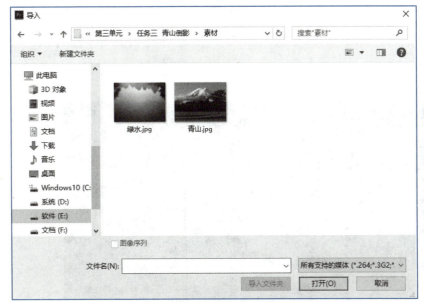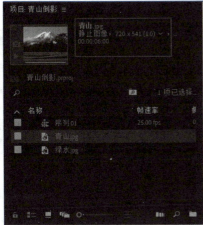

图 3-23　导入图片素材

图 3-24　图片内容

镜像青山：

5. 从项目窗口中选择"青山.jpg"，将其拖入到时间轴的 V1 轨道中。

6. 从"效果"窗口中打开"视频效果"下的"扭曲"，从中选择"镜像"，将其拖至时间轴的 V1 轨道中的"青山.jpg"上，如图 3-25 所示。

图 3-25　添加"镜像"

7. 在"效果控件"窗口中对"镜像"进行如下设置：反射中心为（800，350），反射角度为90°。这样在距离画面顶部350像素的水平线位置对画面进行垂直镜像，如图3-26所示。

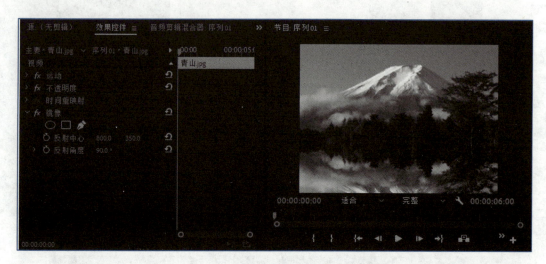

图3-26 设置"镜像"

添加半透明水面：

8. 从项目窗口中选择"绿水.jpg"，将其拖入到时间轴的V2轨道中。

9. 从"效果"窗口中展开"视频效果"下的"变换"，从中选择"裁剪"效果，将其拖至时间轴的V2轨道中的"绿水.jpg"上，如图3-27所示。

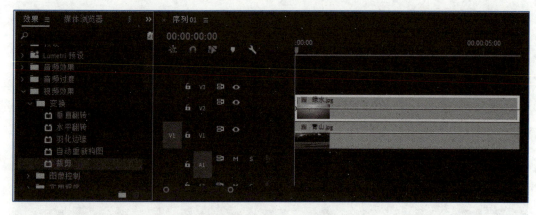

图3-27 添加"裁剪"

10. 在"效果控件"窗口中设置"裁剪"，参照下层中"青山.jpg"画面中的镜像效果，在"绿水.jpg"图层上将镜像部分上方的青山部分剪切，这里设置顶部为65%，如图3-28所示。

11. 在"效果控件"窗口中将"绿水.jpg"的不透明度降低一些，这里设置其不透明度为75%，如图3-29所示。

图 3-28　设置"裁剪"

图 3-29　降低"绿水.jpg"的不透明度

设置水面亮度：

12. 从"效果"窗口中展开"视频效果"下的"调整"，从中选择"光照效果"，将其拖至时间轴的 V2 轨道中的"绿水.jpg"上，如图 3-30 所示。

图 3-30　添加"光照效果"

13. "光照效果" 默认设置的效果较暗，如图 3-31 所示。

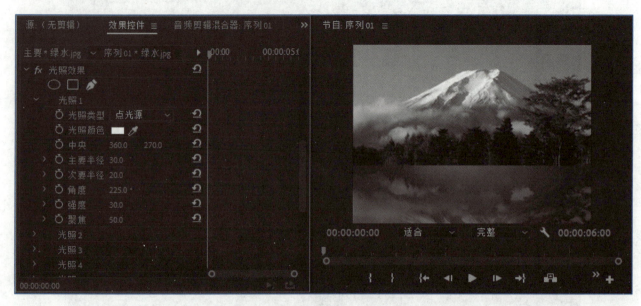

图 3-31 "光照效果" 默认效果

14. 在"效果控件"窗口中设置"光照效果"：光照类型为全光源，光照颜色为白色偏暗一点，其颜色值为（R:222；G:222；B:222），中心为（590，400），主要半径为 30，光照强度为 45。这样使水平的左侧暗一些，右侧部分变亮，如图 3-32 所示。

图 3-32 设置"光照效果"

知识拓展

1."变换"效果主要是通过对素材画面进行处理，生成某种形变效果。其中包括 5 种不同的效果。

① 自动重新构图：能够智能识别视频中的动作，并可以针对不同的长宽比重构剪辑，可以调整视频显示长宽比比例，当横屏视频转换为竖屏视频时，可以识别运动主体，并自动创建关键帧（关键帧可以手动微调，以求达到最佳效果），始终保持运动主体位于屏幕视觉中心框内，共有三种比例可以选择，涵盖了目前大部分社交媒体的视频比例。

② 裁剪：从剪辑的边缘修剪。上下左右属性指定要移除的图像百分比。选择"缩放"可缩放裁剪的图像以适合帧。

③ 羽化边缘：用于在边缘创建柔和的边框，从而让剪辑后的视频出现晕影。通过输入"数量"值可以控制边框宽度。

④ 水平翻转：将剪辑中的每个帧从左到右反转；但剪辑仍然正向播放。

⑤ 垂直翻转：使剪辑从上到下翻转。关键帧无法应用于此效果。

2．"调整"效果主要是一些色彩和亮度调节方面的效果，可以通过我们熟悉的色阶或曲线等方式进行调节。

① 卷积内核：根据称为卷积的数学运算来更改剪辑中每个像素的亮度值。卷积将数值矩阵叠加到像素矩阵上，将每个底层像素的值乘以叠加它的数值，并将中心像素的值替换为所有这些乘积的总和。对于图像中的每个像素，都要执行此项操作。

② 提取：从视频剪辑中移除颜色，从而创建灰度图像。明亮度值小于输入黑色阶或大于输入白色阶的像素将变为黑色。这些点之间全显示为灰色或白色。

③ 色阶：操控剪辑的亮度和对比度。此效果结合了颜色平衡、灰度系数校正、亮度与对比度和反转效果的功能。此效果的功能类似于 After Effects 中的色阶效果。

④ 光照效果：对剪辑应用光照效果，最多可采用 5 个光照来产生有创意的光照。"光照效果"可用于控制光照属性，如光照类型、方向、强度、颜色、光照中心和光照传播。还有一个"凹凸层"控件可以使用其他素材中的纹理或图案产生特殊光照效果，如类似 3D 表面的效果。

⑤ ProcAmp：模仿标准电视设备上的处理放大器。此效果调整剪辑图像的亮度、对比度、色相、饱和度以及拆分百分比。

举一反三

新建一个工程文件，导入所需的两张素材图片文件，使用本任务的方法，制作水边小屋的镜像效果，如图 3-33 所示。（本任务使用 Premiere 制作倒影效果，包括应用"效果"窗口中的"视频效果"→"扭曲"→"镜像"命令制作倒影效果，应用"视频效果"→"调整"→"光照效果"命令调整水面亮度。）

图 3-33 举一反三——制作镜像效果

任务四 变色背景

 任务描述

　　动态颜色的背景在很多场合都有应用，如作为文字背景或作为画中画背景等。使用软件来制作动态色彩的背景，再根据需要对效果进行调整和修改上会具有很大的便利性。本任务将使用一个颜色遮罩图片，在其上添加设置"四色渐变"和设置相应的动画关键帧来实现动态色彩背景的制作。

　　"四色渐变"添加在一段素材上会生成一个 4 种颜色的渐变图像，通过改变颜色或对颜色点位置的移动，可以得到不同的颜色渐变效果。而将这些参数设置成关键帧动画，就可以制作出动态色彩背景。

　　在这里还介绍了调整关键帧运动轨迹的方法，使颜色运动更自然，并且制作成可循环的动态效果。实例效果如图 3-34 所示。

图 3-34 变色背景的实例效果

　　知识点：使用"四色渐变"制作动态色彩背景。

自己动手

新建工程文件：

1. 同第一单元任务二中的步骤 1 和步骤 2。

2. 输入新建工程文件的名称"变色背景"。

新建彩色蒙板图片：

3. 在项目窗口中单击"新建"按钮，在弹出的菜单中选择"颜色遮罩"命令，打开"新建颜色遮罩"对话框进行设置，然后单击"确定"按钮，建立一个任意颜色 10 秒长的颜色遮罩图片，如图 3-35 所示。

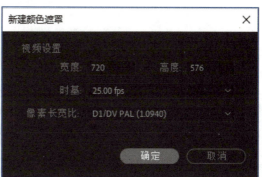

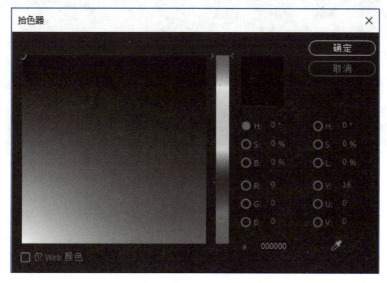

图 3-35　建立遮罩

4. 将彩色蒙板图片拖至时间轴的 V1 轨道中。

添加颜色过滤效果：

5. 从"效果"窗口中展开"视频效果"下的"生成"，从中选择"四色渐变"效果，将其拖至时间轴的 V1 轨道中的彩色蒙版上，如图 3-36 所示。

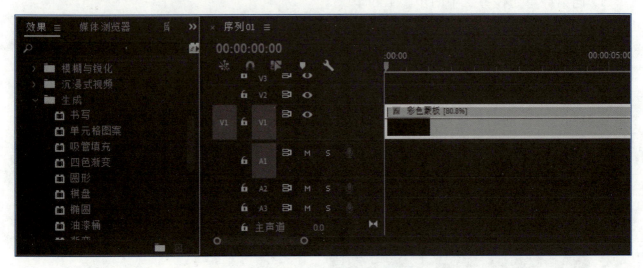

图 3-36 添加"四色渐变"效果

6. 查看其默认的效果，如图 3-37 所示。

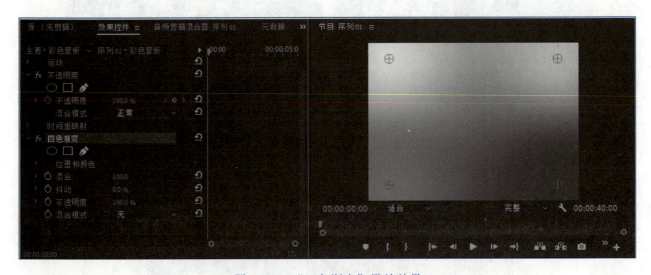

图 3-37 "四色渐变"默认效果

7. 在"效果控件"窗口中设置"四色渐变"的颜色：颜色 1 为（R:41；G:10；B:89），颜色 2 为（R:255；G:124；B:0），颜色 3 为（R:255；G:124；B:0），颜色 4 为（R:41；G:10；B:89），如图 3-38 所示。

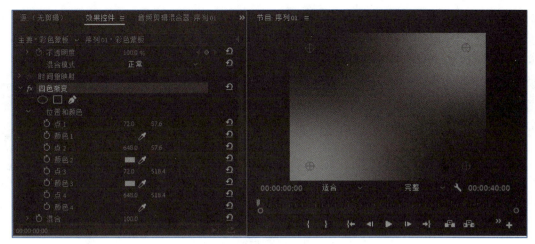

图 3-38　设置"四色渐变"的颜色

设置色彩动画：

8. 将时间指针移至第 0 秒位置，在"效果控件"窗口中的"四色渐变"下，单击打开点 1 前面的码表，添加动画关键帧，并将点 1 设定（190，175）。

9. 将时间指针移至第 3 秒 08 帧位置，在"效果控件"窗口中单击点 1 右侧的"添加关键帧"按钮，添加动画关键帧，并设为（575，265）。

10. 将时间指针移至第 6 秒 16 帧位置，在"效果控件"窗口中单击点 1 右侧的"添加关键帧"按钮，添加动画关键帧，并设为（165，450）。

11. 将时间指针移至第 9 秒 24 帧位置，在"效果控件"窗口中用鼠标选中点 1 的第一个关键帧，按快捷键 Ctrl+C 复制，再按快捷键 Ctrl+V 粘贴，这样在当前的第 9 秒 24 帧位置也添加动画关键帧，其数值为（190，175）。设置后第 4 秒 20 帧位置的画面如图 3-39 所示。

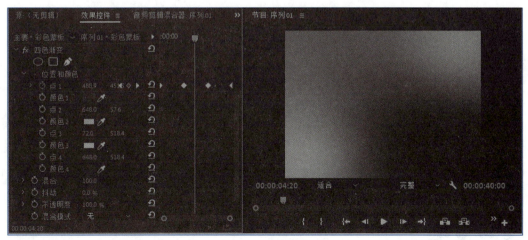

图 3-39　设置颜色位置点动画

12. 在"效果控件"窗口中单击选中"四色渐变"后，可以在预览窗口中看到颜色位置点的移动轨迹，默认的轨迹近似直线型，可以调整每个位置点两侧的控制手柄，将轨迹形状调整为圆形，如图 3-40 所示。

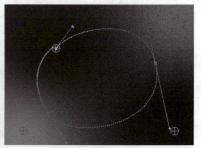

图 3-40 设置颜色位置点运动轨迹

13. 设置最后预览效果，位置 1 上是颜色在画面中从第 0 秒到第 9 秒 24 帧做圆周形的转动。如果将这段 10 秒的素材复制多份连接起来，将会产生连续不断的颜色动画，由此完成动态色彩背景的制作，如图 3-41 所示。

图 3-41 复制成连续动画

提个醒

设置"四色渐变"颜色的动画时，这里只简单设置了其中一种颜色位置点的位置移动。当然还可以设置各个颜色值的改变及各个颜色位置点位移的变化。在设置各个颜色时，需要注意色调的协调性。

举一反三

新建一个工程文件，使用本任务的方法，制作动态色彩背景效果，如图 3-42 所示。（本任务使用 Premiere 实现多变色背景，应用"效果"窗口中的"视频效果"→"生成"→"四色渐变"命令制作变色背景。）

图 3-42　举一反三——制作动态色彩背景

任务五　水　墨　画

任务描述

　　我国的水墨画有着很强的民族文化特色，将画面处理成水墨画效果，会给人一种古色古香、韵味十足的感觉。本任务介绍将一幅拍摄的山区风景画面处理成水墨画效果，将使用多个滤镜来共同处理。

　　本任务使用多个滤镜共同协作，制作水墨画效果。第 1 步使用"黑白"将彩色的画面处理成黑白的颜色；第 2 步使用"查找边缘"勾勒出画面中图形的轮廓；第 3 步使用"色阶"调整画面的色阶，使画面中的图形更加明显；第 4 步使用"高斯模糊"对画面中的图形进行适当的模糊，产生更形象的水墨效果。另外在画面上添加了题词作点缀，使用了纸色的背景作装饰，以增加水墨画的韵味。素材与实例效果如图 3-43 所示。

图 3-43　水墨画的素材和实例效果

　　知识点：使用"黑白""查找边缘""色阶"和"高斯模糊"效果。

自己动手

新建工程文件：

1. 同第一单元任务二中的步骤 1 和步骤 2。

2. 输入新建工程文件的名称"水墨画"。

导入素材文件：

3. 选择菜单"文件"→"导入"命令导入素材，在弹出的"导入"对话框中，选择"风景.jpg"和"题词.jpg"素材文件，将其导入到项目窗口中，如图 3-44 所示。

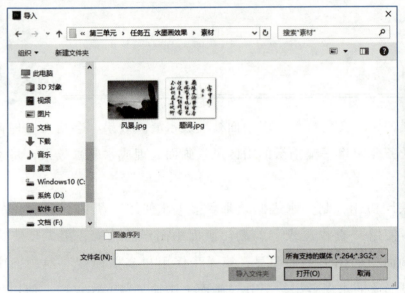

图 3-44　导入图片素材

4. 查看这两个图片素材，一个是适合水墨画风格的风景图片，一个是小尺寸类似题跋的图片，这里仅用于点缀作用，如图 3-45 所示。

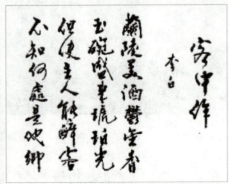

图 3-45　图片内容

添加黑白效果：

5. 从项目窗口中选择"风景.jpg"，将其拖入到时间轴中的 V1 轨道中。

6. 从"效果"窗口中展开"视频效果"下的"图像控制"，从中选择"黑白"，将其拖至时间轴的 V1 轨道中的"风景.jpg"上，如图 3-46 所示。

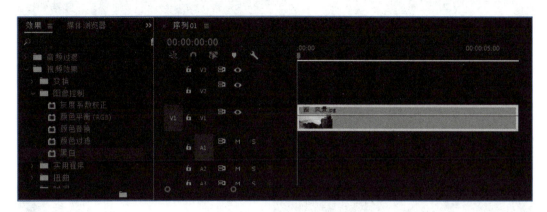

图 3-46　添加"黑白"

7. 在"效果控件"窗口中可以看到"黑白"是个无参数的视频效果，此时在预览窗口中已经变成黑白画面了，如图 3-47 所示。

图 3-47　应用"黑白"效果

添加查找边缘效果：

8. 从"效果"窗口中展开"视频效果"下的"风格化"，从中选择"查找边缘"，将其拖至时间轴的"风景.jpg"上，如图 3-48 所示。

9. 在"效果控件"窗口中设置"查找边缘"效果，将"与原始图像混合"设为 45%，如图 3-49 所示。

图 3-48 添加"查找边缘"

图 3-49 设置"查找边缘"

添加色阶效果：

10. 从"效果"窗口中展开"视频效果"下的"调整"，从中选择"色阶"，将其拖至时间轴的"风景.jpg"上，如图 3-50 所示。

图 3-50 添加"色阶"

11. 在"效果控件"窗口中单击"色阶"右侧的按钮，打开"色阶设置"对话框，将"输入色阶"图示下方左右两个三角标向中部移动，使输入黑色阶为 105，输入白色阶为

200，如图 3-51 所示。

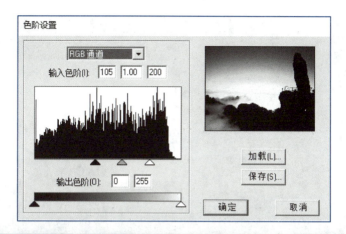

图 3-51　设置"色阶"

添加模糊效果：

12. 从"效果"窗口中展开"视频效果"下的"模糊与锐化"，从中选择"高斯模糊"，将其拖至时间轴的"风景.jpg"上，如图 3-52 所示。

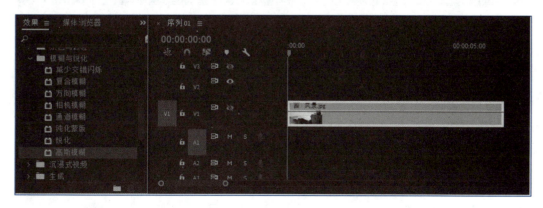

图 3-52　添加"高斯模糊"

13. 在"效果控件"窗口中将"高斯模糊"的模糊度设为 8，如图 3-53 所示。

图 3-53　设置"高斯模糊"

添加题词：

14. 从项目窗口中选择"题词.jpg"，将其拖入到时间轴的 V2 轨道中。

15. 从"效果"窗口中打开"视频效果"下的"键控"，从中选择"亮度键"，将其拖到 V2 轨道的"题词.jpg"上，如图 3-54 所示。

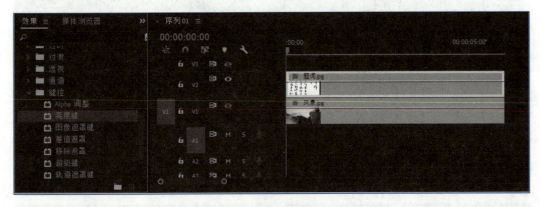

图 3-54　添加"亮度键"

> 📖 **小知识**
>
> 　　"亮度键"效果可以抠出素材画面的暗部，而保留比较亮的区域。在"效果控件"窗口中可以对"亮度键"抠像属性进行设置。
>
> 　　阈值：设置由素材画面中的暗部决定的透明区域的范围。
>
> 　　屏蔽度：设置由阈值属性参数所产生的不透明区域的不透明度。

16. 在"效果控件"窗口设置"亮度键"，阈值设为0%，屏蔽度设为25%，如图3-55所示。

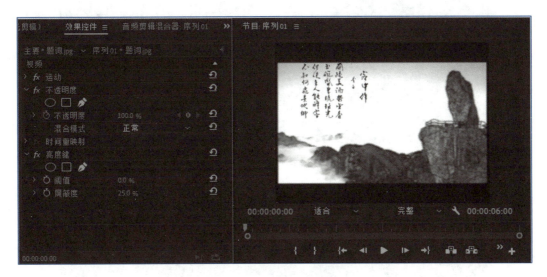

图3-55　设置"亮度键"

简单装裱画面：

17. 在项目窗口中单击"新建"按钮，在弹出的菜单中选择"颜色遮罩"命令，打开"拾色器"对话框，设置颜色为（R:155；G:155；B:114），单击"确定"按钮，建立一个颜色遮罩图片，如图3-56所示。

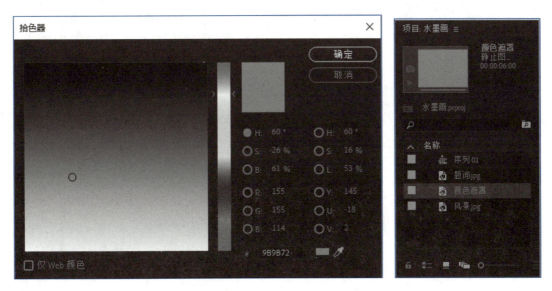

图3-56　建立颜色遮罩

18. 在时间轴中将"题词.jpg"拖到V3轨道中，将"风景.jpg"拖到V2轨道中，再从项目窗口中将颜色遮罩图片拖到V1轨道中，如图3-57所示。

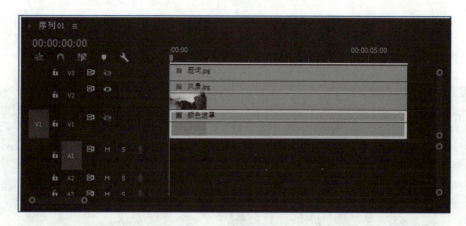

图 3-57　放置素材

19. 选择 V2 轨道中的"风景.jpg",在"效果控件"窗口中,取消选中"运动"下的"等比缩放"复选框,将缩放高度设为 75,如图 3-58 所示。

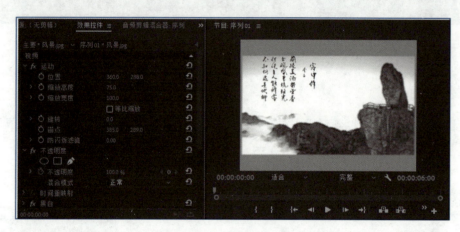

图 3-58　调整画面

 知识拓展

1."图像控制"效果主要是通过对图像色彩等相关信息的控制,完成所需效果。

① 黑白:将彩色剪辑转换成灰度;也就是说,颜色显示为灰度。此效果无法在时间线上设置关键帧动画化。

② 颜色平衡(RGB):更改剪辑中的红色(R)、绿色(G)和蓝色(B)的含量。

③ 颜色过滤:将剪辑转换成灰度,但不包括指定的单个颜色。使用颜色过滤效果可强调剪辑的特定区域。例如,在篮球比赛剪辑中,为了突出篮球,可以选择和保留篮球的颜色,同时使剪辑的其余部分以灰度显示。然而,请注意,使用颜色过滤效果只能隔离颜色,而不能隔离剪辑中的对象。

④ 颜色替换:将所有出现的选定颜色替换成新的颜色,同时保留灰色阶。使用此效果可以更改图像中的对象的颜色,其方法是选择对象的颜色,然后调整控件来创建不同的颜色。

⑤灰度系数校正：在不显著更改阴影和高光的情况下使剪辑变亮或变暗。其实现的方法是更改中间调的亮度级别（中间灰色阶），同时保持暗区和亮区不受影响。默认灰度系数设置为10。在效果的"设置"对话框中，可将灰度系数从1调整到28。

2. "模糊与锐化"效果包含了以各种方式进行模糊和锐化的效果。

①相机模糊：模拟镜头产生的景深效果，对素材片段中焦点区域以外的部分进行模糊处理。

②通道模糊：使剪辑的红色、绿色、蓝色或Alpha通道各自变模糊。可以指定模糊是水平、垂直还是两者。

③复合模糊：根据控制剪辑（也称为模糊图层或模糊图）的明亮度值使像素变模糊。默认情况下，模糊图层中的亮值对应于效果剪辑的较多模糊。暗值对应于较少模糊。对亮值选择"反转模糊"可对应于较少模糊。

④方向模糊：方向模糊效果为剪辑提供运动幻象。

⑤高斯模糊：可模糊和柔化图像并消除杂色。可以指定模糊是水平、垂直还是两者。

⑥钝化蒙版：增加定义边缘的颜色之间的对比度。

⑦锐化：增加颜色变化位置的对比度。

举一反三

新建一个工程文件，导入素材图片，使用本任务的方法，制作水墨画效果，如图3-59所示。（本任务使用Premiere制作水墨画效果，包括：应用"视频效果"→"图像控制"→"黑白"命令、"视频效果"→"风格化"→"查找边缘"命令、"视频效果"→"调整"→"色阶"命令、"视频效果"→"模糊与锐化"→"高斯模糊"命令、"视频效果"→"键控"→"亮度键"命令。）

图3-59　举一反三——制作水墨画效果

任务六　马赛克效果

 **任务描述**

　　本任务介绍制作一种常用的马赛克效果，在需要遮挡的图像上应用马赛克效果，这样只能看出遮挡部分的大致形状，而不能清晰显示内容。完成任务效果使用的技术主要有两种：一种是在新的轨道上对相同的素材设置局部范围，另一种是在局部范围上设置马赛克效果。其中局部范围用画面剪切效果来实现，当局部范围随着视频画面的变化而变化时，就需要进行动态跟踪关键帧的设置。素材与实例效果如图3-60所示。

图3-60　马赛克的素材实例效果

　　知识点：在画面剪切效果制作的局部范围上添加马赛克效果。

 自己动手

新建工程文件：

1. 同第一单元任务二中的步骤1和步骤2。

2. 输入新建工程文件的名称"马赛克效果"。

导入素材文件：

3. 选择菜单"文件"→"导入"命令导入素材，在弹出的"导入"对话框中选择文件"蝶恋花.avi"，将其导入到项目窗口中，如图3-61所示。

　　4. 分两次从项目窗口中将"蝶恋花.avi"拖至时间轴的V1轨道中和V2轨道中，重叠在一起，如图3-62所示。

图 3-61　导入素材

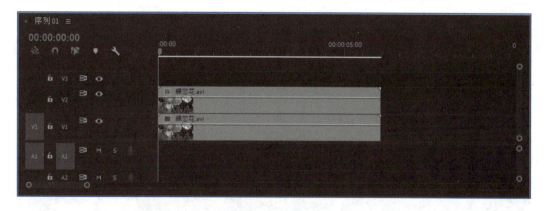

图 3-62　放置素材

5. 预览素材内容为一段移动的蝴蝶镜头，其中蝴蝶从画面的左边向右边移动，如图 3-63 所示。

图 3-63　预览素材内容

设置局部跟踪动画关键帧：

6. 打开"效果"窗口，展开"视频效果"下的"变换"，将"裁剪"拖至时间轴的 V2 轨道中的素材上，暂时关闭 V1 轨道，只显示 V2 轨道中的图像，以帮助下一步的设置，如图 3-64 所示。

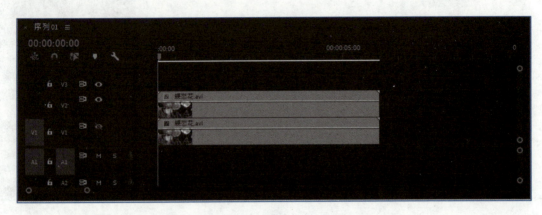

图 3-64　添加"裁剪"

7. 将时间指针移至第 0 帧处，选中 V2 轨道中的素材，参照预览窗口中蝴蝶的位置，在"效果控件"窗口中单击打开左侧、顶部、右侧和底部前面的码表，对其"裁剪"值进行设置。设置左侧为 0%，顶部为 75%，右侧为 80%，底部为 5%，如图 3-65 所示。

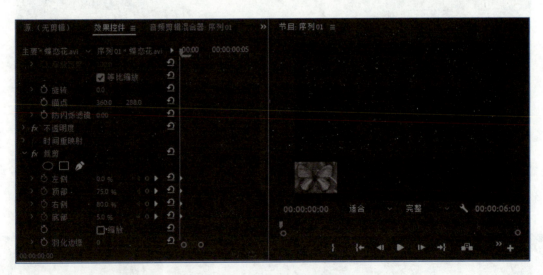

图 3-65　设置第 0 帧关键帧

8. 在"效果控件"窗口中确认选中"裁剪"，使其处于高亮状态，这样剪切范围的线框会在预览窗口中显示。将时间指针移至第 1 秒 23 帧处，蝴蝶与剪切范围线框会有些偏离，用鼠标移动剪切范围线框，使蝴蝶处于其中，同时在"效果控件"窗口中，"裁剪"下的参数会发生相应的变化，并自动记录动画关键帧，如图 3-66 所示。

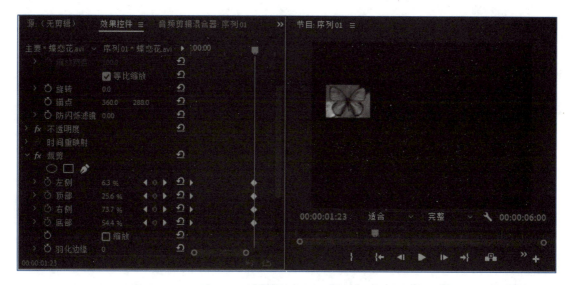

图 3-66　设置第 1 秒 23 帧关键帧

9. 将时间指针移至第 3 秒处，蝴蝶与剪切范围线框再次发生偏离，用鼠标移动剪切范围线框，使蝴蝶处于其中，同时在"效果控件"窗口中的"裁剪"自动记录动画关键帧，如图 3-67 所示。

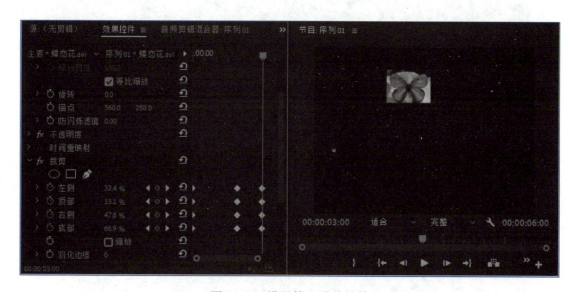

图 3-67　设置第 3 秒关键帧

10. 将时间指针移至第 4 秒处，蝴蝶与剪切范围线框再次发生偏离，用鼠标移动剪切范围线框，使蝴蝶处于其中，同时在"效果控件"窗口中的"裁剪"自动记录动画关键帧，如图 3-68 所示。

11. 将时间指针移至第 5 秒 20 帧处，同样用鼠标移动剪切范围线框，使蝴蝶处于其中，也可以将剪切范围线框调大一些，在"效果控件"窗口中的"裁剪"自动记录动画关键帧，如图 3-69 所示。

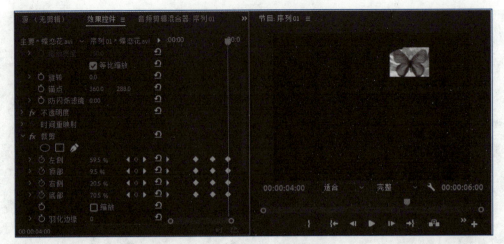

图 3-68　设置第 4 秒关键帧

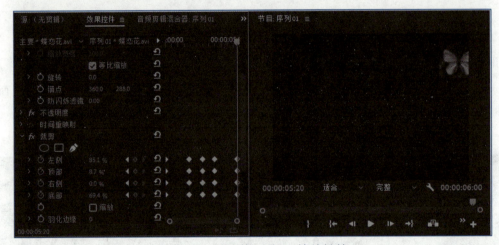

图 3-69　设置第 5 秒 20 帧关键帧

设置局部马赛克：

12. 打开"效果"窗口，展开"视频效果"下的"风格化"，将"马赛克"拖至时间轴的 V2 轨道中的素材上，恢复 V1 轨道的显示，如图 3-70 所示。

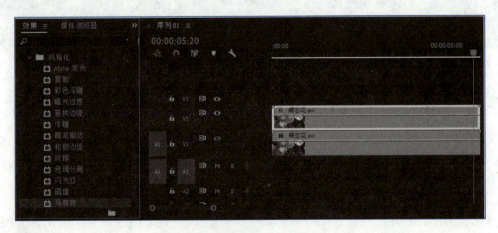

图 3-70　添加"马赛克"

13. 在"效果控件"窗口中对"马赛克"的大小进行适当的设置，将水平块设置为30，垂直块设置为30，如图3-71所示。

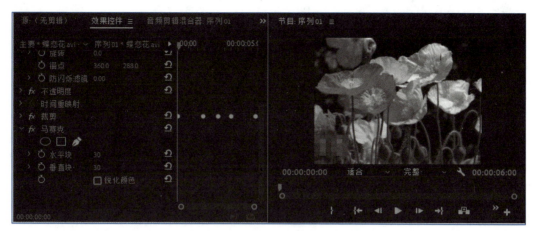

图3-71　设置"马赛克"效果

14. 播放预览局部马赛克效果，完成制作。

 知识拓展

"风格化"效果主要是通过对画面进行处理，生成具有某些风格化的特殊效果。其中包括以下几种类型。

① Alpha发光：在蒙版Alpha通道的边缘周围添加颜色。可以让单一颜色在远离边缘时淡出或变成另一种颜色。

② 画笔描边：向图像应用粗糙的绘画外观。也可以使用此效果实现点彩画样式，方法是将画笔描边的长度设置为0并且增加描边浓度。即使指定描边的方向，描边也会通过少量随机散布的方式产生更自然的结果。此效果可改变Alpha通道以及颜色通道；如果已经蒙住图像的一部分，画笔描边将在蒙版边缘上方绘制。

③ 彩色浮雕：彩色浮雕效果与浮雕效果的原理相似，但不抑制图像的原始颜色。

④ 浮雕：锐化图像中对象的边缘并抑制颜色。此效果从指定的角度使边缘产生高光。

⑤ 查找边缘：识别有明显过渡的图像区域并突出边缘。边缘可在白色背景上显示为暗线，或在黑色背景上显示为彩色线。如果应用查找边缘效果，图像通常看起来像草图或原图的底片。

⑥ 马赛克：使用纯色矩形填充剪辑，使原始图像像素化。此效果可用于模拟低分辨率显示或遮挡面部。也可以针对过渡来动画化此效果。

⑦ 抽帧：可用于为图像中的每个通道指定色调级别数（或亮度值）。抽帧效果随后将像素映射到最匹配的级别。例如，在RGB图像中选择两个色调级别，将为红色指定两个色调、为绿色指定两个色调并为蓝色指定两个色调。值的范围从2到255。

⑧ 复制：将屏幕分成多个平铺并在每个平铺中显示整个图像。可通过拖动滑块来设置每个列和行的平铺数。

⑨ 粗糙边缘：通过使用计算方法使剪辑 Alpha 通道的边缘变粗糙。此效果为栅格化文字或图形提供自然粗糙的外观，犹如受过侵蚀的金属或打字机打出的文字。

⑩ 曝光过度：可创建负像和正像之间的混合，导致图像看起来有光晕。

⑪ 闪光灯：对剪辑执行算术运算，或使剪辑在定期或随机间隔透明。例如，每五秒钟，剪辑可变为完全透明达十分之一秒，或者剪辑的颜色能够以随机间隔反转。

⑫ 纹理化：为剪辑提供其他剪辑的纹理的外观。例如，可以使树的图像显示为好像它有砖块纹理，并且可以控制纹理深度以及明显光源。

⑬ 阈值：将灰阶或彩色图转换为高对比度的黑白图。

 举一反三

新建一个工程文件，导入视频文件，使用本任务的方法，在文字处添加马赛克效果，如图 3-72 所示。（本任务使用 Premiere 实现马赛克效果，应用"视频效果"→"风格化"→"马赛克"命令进行制作。）

图 3-72 举一反三——制作马赛克效果

应用音频技术

> Premiere 软件不仅有强大的视频编辑处理功能，对音频也是如此。本单元将学习使用其音频处理功能，演示音频编辑的操作方法。

任务一　音频剪辑

 任务描述

本次任务导入几个音频素材，对其进行音频素材的剪辑操作，并将这些音频素材添加到不同的轨道中制作合成声音效果。

通过实例操作可以掌握对音频素材的查看、监听和剪辑，并对音频添加转场过渡。音频的转场过渡可以将前后两段音乐自然地衔接到一起。在对音频素材进行剪辑时，通常配合监听效果和查看波形图显示。在进行音频合成时，将剪辑好的音频素材放置在轨道中的合适位置处，可在同一时间播放多轨道音频素材的声音。

知识点：剪辑与合成音频素材。

 自己动手

新建项目文件：

1. 同第一单元任务二的步骤 1 和步骤 2。

2. 输入新建工程文件的名称"音频剪辑"。

导入素材文件：

3. 选择菜单"文件"→"导入"命令，在弹出的"导入"对话框中，选择"鸟鸣.mp3""鸟鸣 L.mp3""轻音乐.mp3""水声.mp3"和"小狗.mp3"5 个音频素材文件，单击"打开"按钮，将其导入到项目窗口中，如图 4-1 所示。

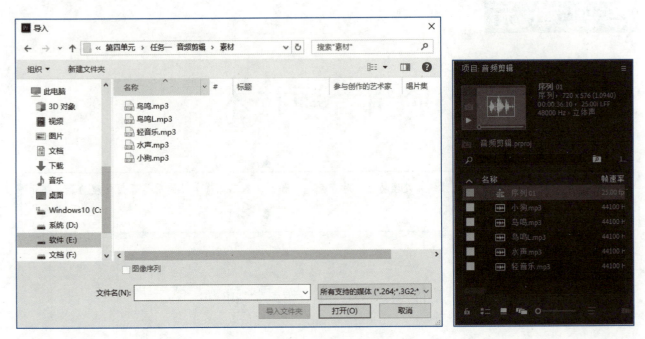

图 4-1　导入音频素材

4. 可以分别双击这几个音频素材，在源素材监视器窗口中将其打开，预听其声音的内容。"鸟鸣.mp3"是小鸟的鸣叫声，"鸟鸣 L.mp3"是一个左声道有声音、右声道静音的鸟鸣声，"轻音乐.mp3"是一段音乐，"水声.mp3"是一段水流声，"小狗.mp3"是一段单声道的小狗叫声，如图 4-2 所示。

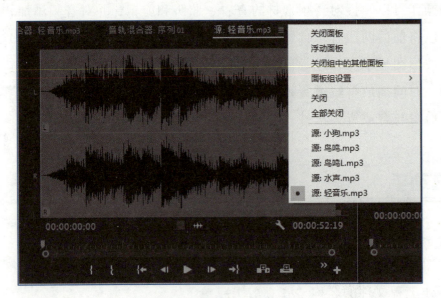

图 4-2　预听和查看音频素材

查看音频单位：

5. 将"轻音乐.mp3"放置到时间轴的 A1 轨道中，将"鸟鸣.mp3"放置到时间轴的 A2

轨道中，如图 4-3 所示。

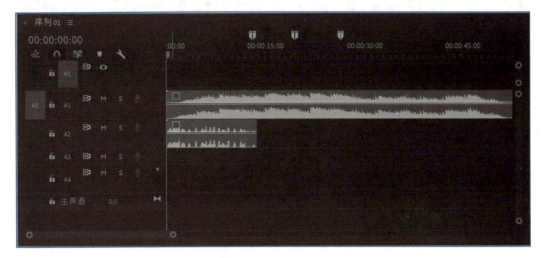

图 4-3 放置音频素材

6. 在时间轴按空格键播放，可以同时听到 A1 轨道中的"轻音乐.mp3"和 A2 轨道中的"鸟鸣.mp3"的声音。"鸟鸣.mp3"声音的长度以当前视频的单位显示为 13 秒 21 帧，以音频单位显示为 13.871。音频单位的显示方法是在时间轴的左上角单击按钮■，打开菜单选中"显示音频时间单位"，如图 4-4 所示。

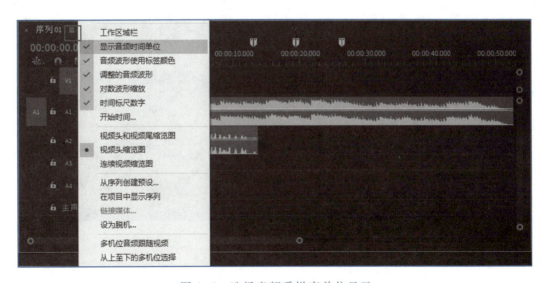

图 4-4 选择音频采样率单位显示

7. 此时的音频单位为音频采样率，因为当前音频为 48 kHz，即 1 秒由 48 000 个最小单位组成，所以比视频单位中的 1 秒由 25 个最小单位（帧）组成更为精确。按 = 键将时间放到最大，可以看到时间从 0:47 999 向右移动一个单位即为 1 秒，如图 4-5 所示。

8. 这里不需要对音频进行过于精细的编辑，所以可以在时间轴面板的右上角单击按钮■，打开菜单取消选中"显示音频时间单位"，以帧为最小单位来进行剪辑。

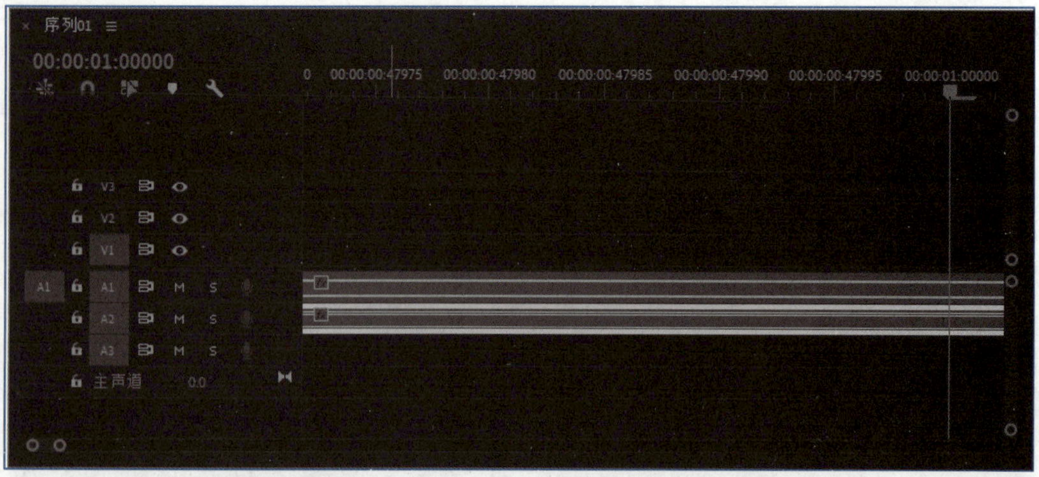

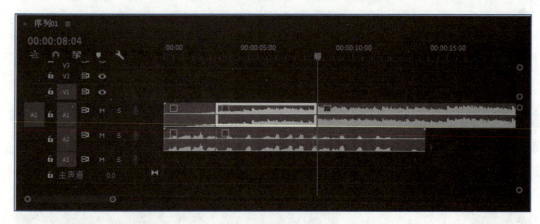

图 4-5　放大到显示最小单位

剪辑音频：

9. 将时间指针移至第 2 秒 20 帧处，将"鸟鸣.mp3"和"轻音乐.mp3"两端音频都进行剪切（快捷键是 Ctrl+K），准备使用"鸟鸣.mp3"音频的第一部分。在监听播放声音的同时查看"轻音乐.mp3"音轨的波形，可以看到前 8 秒均为前奏，主旋律从第 8 秒 04 帧处开始。将时间指针移至第 8 秒 04 帧处，将"轻音乐.mp3"进行剪切，如图 4-6 所示。

图 4-6　分割音频

10. 选择"鸟鸣.mp3"音频的第二段，按 Delete 键将这部分删除，再选择"轻音乐.mp3"音频的第二段后右击，选择弹出菜单上的"波纹删除"命令，将这部分也删除，同时后面的部分会自动连接到第一段之后，如图 4-7 所示。

11. 在时间轴面板上播放"轻音乐.mp3"，监听音乐到第 36 秒 10 帧处，将其剪切，并删除后面的部分，如图 4-8 所示。

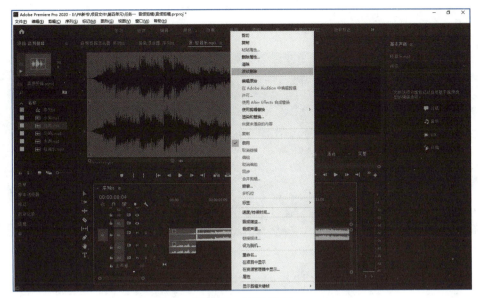

图 4-7　删除素材

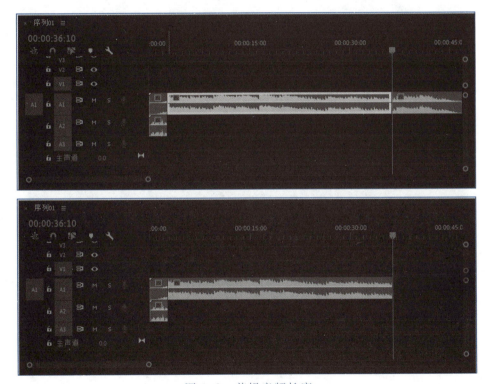

图 4-8　剪辑音频长度

添加音频转场：

12. "轻音乐.mp3"的前奏部分与旋律之间因为被剪切一部分，所以连接处的音频变化不太连贯，可以在两段音频之间添加一个音频转场。音频转场比视频转场添加方法要简单，只有"交叉淡化"下的"恒定功率""恒定增益"和"指数淡化"三个音频转场。在"效果"窗口中展开"音频过渡"下的"交叉淡化"，选择"恒定增益"，将其拖至时间轴面板中"轻音乐.mp3"被剪切开的位置，添加"恒定增益"转场。可以先暂时关闭其他音频轨道来监听效果，如图 4-9 所示。

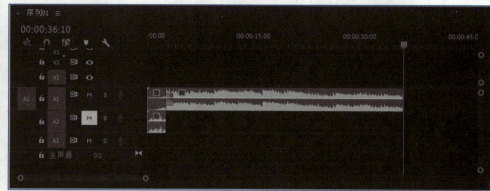

图 4-9　添加"恒定增益"转场

13. 在"效果控件"窗口中，将持续时间的值设置为 2 秒，将对齐设置为"起点切入"，播放并监听音频转场的声音效果，前奏和旋律变得连贯了，如图 4-10 所示。

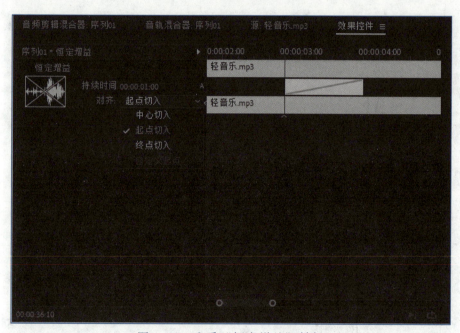

图 4-10　查看"恒定增益"转场

> **提个醒**
>
> 　　对两段前后相邻的音频素材添加转场过渡，可以将两段音频柔和地衔接到一起，这与视频中默认的淡入转场道理相同。也可以在音频的开始处或结束处添加音频转场，这样会产生声音渐起和渐落的效果。

14. 在"效果"窗口中"恒定功率"转场左边的图标上有一个黄色的框，表示这是默认的音频转场方式。先在时间轴上选择"恒定增益"，按 Delete 键将其删除掉，然后确认 A1 轨道处于高亮的选择状态，时间指针位于"轻音乐.mp3"的前奏部分与旋律连接处，选择菜单"序列"→"应用音频过渡"命令，会添加一个"恒定功率"转场到"轻音乐.mp3"的前奏部分与旋律连接处，如图4-11所示。

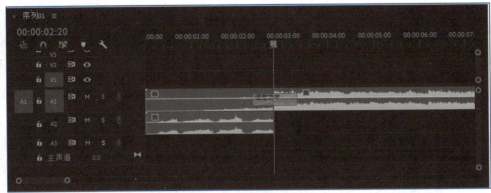

图4-11 添加"恒定功率"转场

15. 在"效果控件"窗口中可以看到这个音频转场的图示为前一部分音频曲线形状逐渐减弱，后一部分音频曲线形状逐渐增强，如图4-12所示。比较后，在这段音频中还是使用"恒定增益"转场。

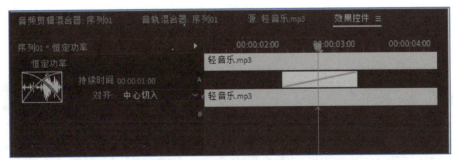

图4-12 查看"恒定功率"转场

放置"鸟鸣 L.mp3"：

16. 从项目窗口中将"鸟鸣 L.mp3"拖至时间轴A3轨道中，将其与A1轨道中的"轻音乐.mp3"右对齐，如图4-13所示。

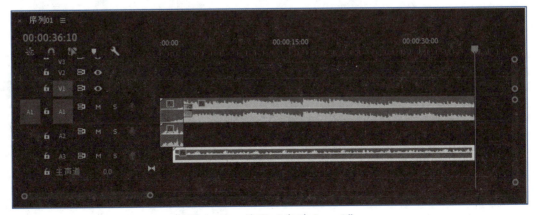

图4-13 放置"鸟鸣 L.mp3"

17. 将其左端剪切，使其与 A1 轨道中的"轻音乐.mp3"的后一部分长度相同，并将其移至 A2 轨道中。监听播放结果，"轻音乐.mp3"的旋律部分也有小鸟的鸣叫声，如图 4-14 所示。

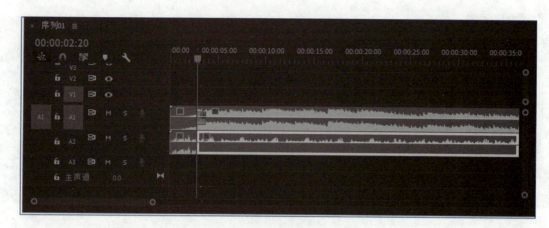

图 4-14　编辑"鸟鸣 L.mp3"

放置"水声.mp3"：

18. 在时间轴面板中播放"轻音乐.mp3"的旋律部分，可以监听其节奏的强弱变化，在节奏较强的位置设置三个标记点，分别为 13 秒 02 帧、19 秒 12 帧、26 秒 09 帧，如图 4-15 所示。

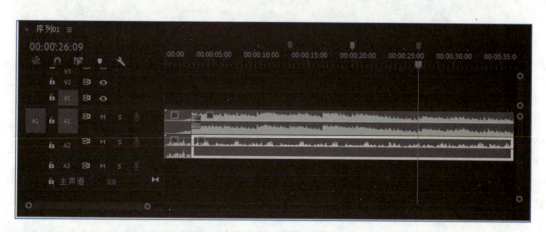

图 4-15　设置标记点

19. 从项目窗口中双击"水声.mp3"，将其在源监视器窗口中打开，查看其波形显示并监听播放的声音。在源素材监视器窗口中将时间指针移至第 5 秒 18 帧处，单击按钮![](（快捷键为 I）设置为入点，将时间指针移至第 9 秒 18 帧处，单击按钮![](（快捷键为 O）设置为出点，源素材监视器窗口中的设置如图 4-16 所示。

20. 在时间轴中选择 A3 轨道，使其处于高亮状态，将时间指针移至第一个标记点处，在源素材监视器窗口中单击按钮，将其添加到时间轴的 A3 轨道中的第 13 秒 02 帧处。同样，将时间指针移至第三个标记点处，在源素材监视器窗口中单击按钮，将其添加到时间轴的

A3 轨道中的第 26 秒 09 帧处。"水声.mp3" 在 A3 轨道中放置的位置如图 4-17 所示。

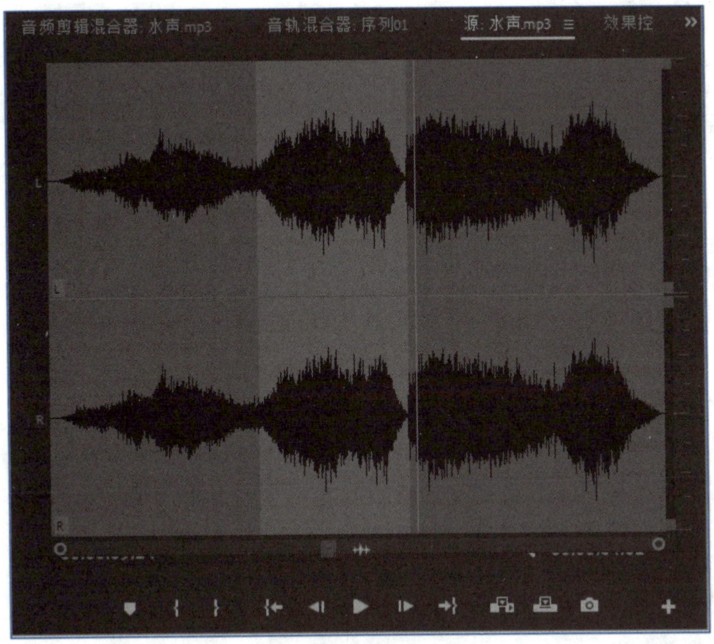

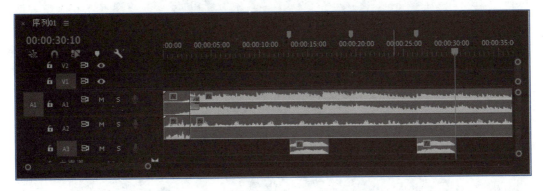

图 4-16　剪辑"水声.mp3

图 4-17　"水声.mp3"在时间轴的位置

放置"小狗.mp3"：

21. 从项目窗口中选择"小狗.mp3"，用鼠标将其往时间轴面板中拖动时，因为其为单声道的音频文件，而时间轴面板中没有单声道的音频轨道，所以会自动在音频轨道下部的空白处添加一个单声道的 A4 轨道，并将"小狗.mp3"放置在其中，如图 4-18 所示。

22. 监听播放的"小狗.mp3"，会感觉其叫声的速度过快，可以用　工具（快捷键为C）将其从两个叫声中剪切开，再选择　工具（快捷键为 V），将第二个叫声拉开约 10 帧的间隔，将叫声放置在第一个标记点之前的位置，如图 4-19 所示。

23. 在结尾处再添加小狗的叫声，同时变化一下节奏，添加三个叫声。先选择剪切开的第二个叫声，按快捷键 Ctrl+C 复制，将时间指针移至尾部的第 32 秒 15 帧处，按快捷键 Ctrl+V 粘贴。在从项目窗口中将"小狗.mp3"拖至其后有几帧间隔的第 33 秒 20 帧处，如图 4-20 所示。

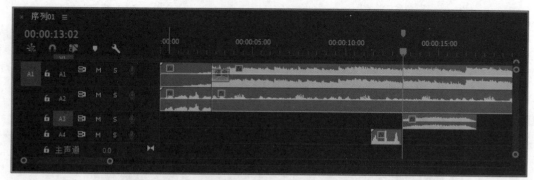

图 4-18　放置"小狗.mp3"

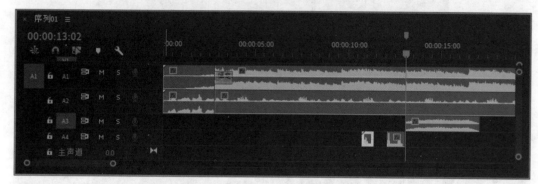

图 4-19　剪辑"小狗.mp3"

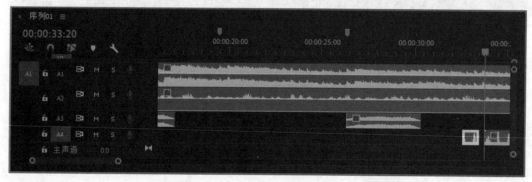

图 4-20　"小狗.mp3"在时间轴尾部的位置

24. 这样完成本例的制作。最终的时间轴如图 4-21 所示。

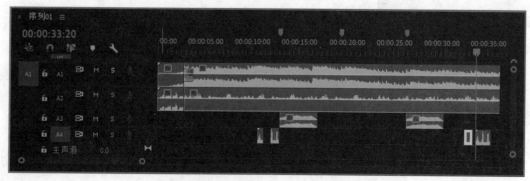

图 4-21　最终的时间轴

新建一个工程文件，导入音频文件"轻音乐1.mp3""青蛙.mp3"和视频文件"夜色.avi"，使用本任务的方法，进行剪辑和合成，如图4-22所示。（本任务使用Premiere音频功能调整修改音频素材，应用时间轴面板和源素材监视器进行音频剪辑，选取"效果"窗口中的"音频过渡"→"交叉淡化"→"恒定增益"命令为音频素材添加转场效果。）

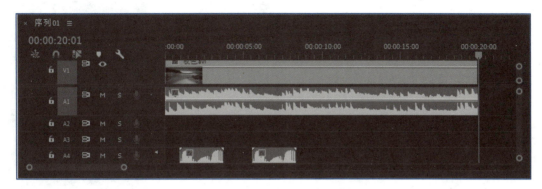

图4-22　举一反三——对音频进行剪辑与合成

任务二　左右声道

在音频处理中，立体声的音频素材比较常用，往往也涉及对其左右声道的处理。本任务介绍立体声相关的知识点，包括对左右声道进行相同或不同的设置，立体声道与单声道的相互转换等。分别对立体声转换为单声道、立体声分离单声道、"平衡"特效、"声道音量"特效、"使用左声道"和"使用右声道"特效、"互换声道"特效等进行讲解和演示。

　　知识点：对音频中有关左声道和右声道的设置。

新建项目文件：

1. 同第一单元任务二的步骤1和步骤2。

2. 输入新建工程文件的名称"左右声道"。

导入素材文件：

3. 选择菜单"文件"→"导入"命令（快捷键为 Ctrl+I）导入素材，在弹出的"导入"对话框中，选择"立体声音频.wav""单声道音频.wav"两个音频素材和含有视频和音频的"七子之歌.mov"，单击"打开"按钮，将其导入项目窗口中，如图 4-23 所示。

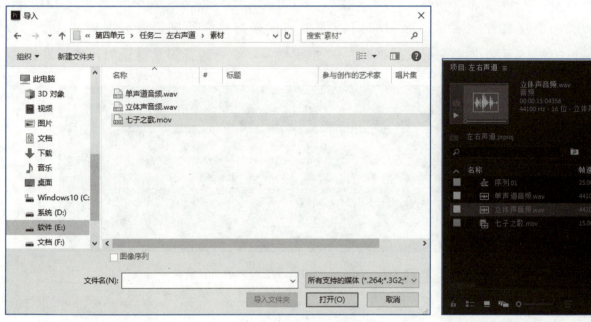

图 4-23　导入素材

4. 可以分别双击这几个音频素材，在源素材监视器窗口中将其打开，查看其波形图的显示和预听其声音的内容。其中"立体声音频.wav"为一个左右声道不完全相同的双声道音频，如图 4-24 所示。

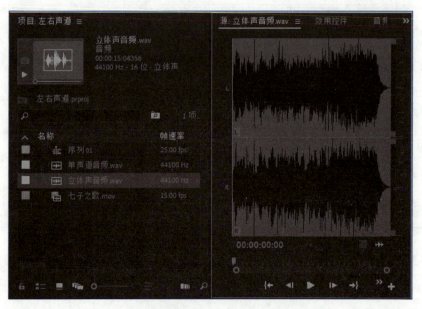

图 4-24　预听和查看"立体声音频.wav"

5. 双击"单声道音频.wav"，将其在源素材监视器窗口中打开，查看其只有一个波形，为一个单声道的音频，如图4-25所示。

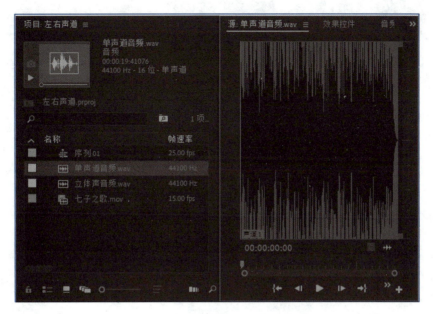

图4-25　预听和查看"单声道音频.wav"

6. 再双击"七子之歌.mov"，将其在源素材监视器窗口中打开，所看到的只有视频，如图4-26所示。

图4-26　预听和查看"七子之歌.mov"

7. 如果要查看其音频的波形图，可以在源素材监视器窗口中右击，在弹出的菜单中选择"显示模式"→"音频波形"命令，如图4-27所示。

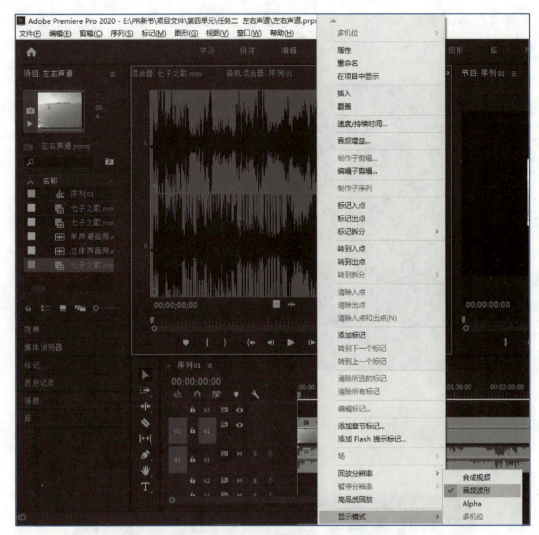

图 4-27　查看"七子之歌.mov"的音频波形

左右声道转换：

8."单声道音频.wav"是个单声道音频文件，将其放置到声轨上，可以看到音频波形是在左声道中，如图 4-28 所示。

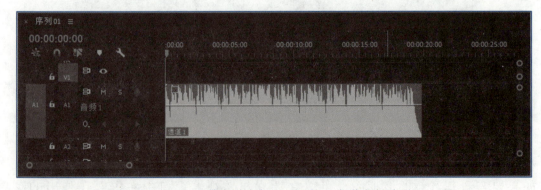

图 4-28　"单声道音频.wav"的左声道音频波形

9.在项目窗口中选中"单声道音频.wav"，然后选择菜单"剪辑"→"修改"→"音频声道"

命令，打开"修改剪辑"对话框，将"剪辑声道格式"选项设置为"立体声"，如图4-29所示。

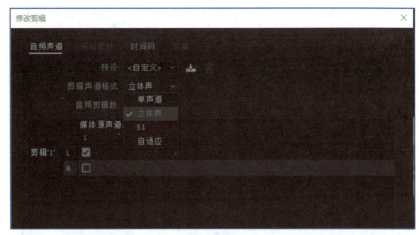

图4-29　设置"单声道音频.wav"为立体声

10. 在"修改剪辑"对话框中将左声道L后的方框取消勾选，将右声道R后的方框单击勾选，如图4-30所示。

图4-30　修改音频声道

11. 现在观察声轨，可以看到音频波形出现在右声道中，如图4-31所示。

图4-31　右声道音频波形

12. 以上是将单声道音频转换为立体声时只有一个声道有声音，还可以设置为两个声道都有声音。在"修改剪辑"对话框中将左声道 L 和右声道 R 后的方框全部勾选，如图 4-32 所示。

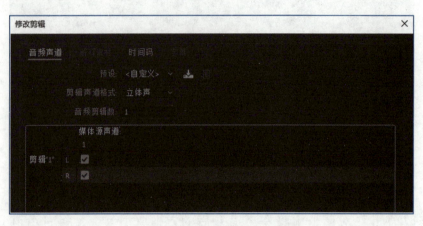

图 4-32 设置左右声道

13. 此时会发现源素材监视器窗口中音频的波形显示图发生了变化，左右声道都有相同的波形图，即两个声道都有声音，声轨中同理，如图 4-33 所示。

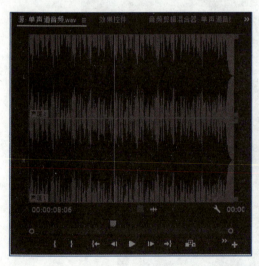

图 4-33 将单声道转换到立体声中的两个声道

> **提个醒**
>
> 有时某单"剪辑"→"修改"→"音频声道"命令处于未激活不可选状态，这时需要素材窗口被激活，并有某一音频素材处于被选中状态。

立体声转换为单声道：

14. "立体声音频.wav"是个立体声音频文件，可以将其转换为单声道格式。先在项目窗口中选中"立体声音频.wav"，然后选择菜单"剪辑"→"修改"→"音频声道"命令，打开"修改剪辑"对话框，如图 4-34 所示。

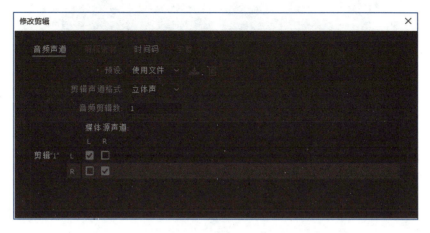

图 4-34　打开"立体声音频.wav"的"修改剪辑"对话框

15. 当前音频的声道格式为"立体声"，可以选择"单声道"，单击"确定"按钮。可以看到其在源素材监视器窗口中的波形图发生变化，改变为单声道，如图 4-35 所示。

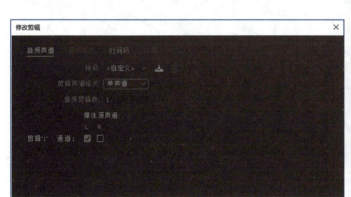
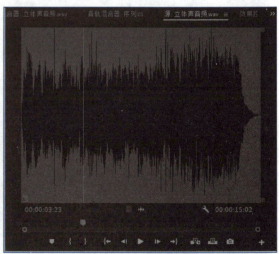

图 4-35　转换为单声道

立体声分离单声道：

16. 以上的立体声转换为单声道功能给音频操作带来了不少方便，此外还有一种方式可以将立体声分离出单声道，保持原来的音频无变化的同时产生新的单声道音频，并且新的音频可以保存在工程文件中。在项目窗口中选择"七子之歌.mov"，然后选择菜单"剪辑"→"音频选项"→"拆分为单声道"命令，这样在项目窗口中分离出来两个单声道音频"七子之歌.mov 左对齐"和"七子之歌.mov 右侧"，如图 4-36 所示。

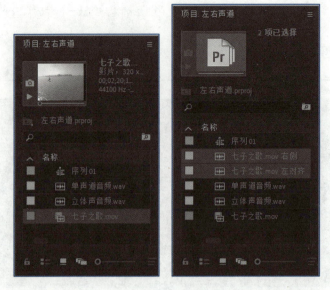

图 4-36　立体声分离单声道

17. 将这两个分离出来的音频在源素材监视器窗口中打开，"七子之歌.mov 左对齐"的内容为配唱，"七子之歌.mov 右侧"的内容为配乐，如图 4-37 所示。

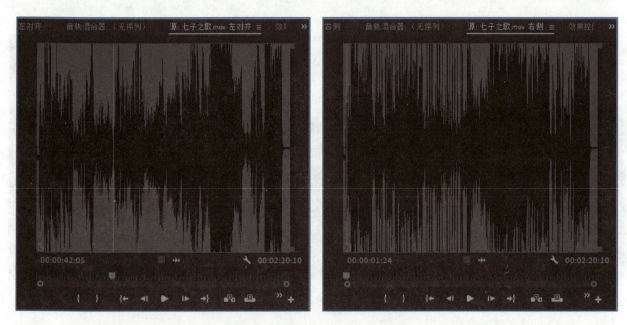

图 4-37　查看分离声道后的音频

"平衡"特效：

18. 在立体声的音频特效中有多个处理音频声道的特效，在项目窗口中选择"七子之歌.mov"，将其拖至时间轴面板中，其视频放置在 V1 轨道中，音频放置在 A1 轨道中。

19. 从"效果"窗口中展开"音频效果"下的"立体声"，从中选择"平衡"效果将其拖至 A1 轨道中的"七子之歌.mov"音频上，为其添加一个平衡特效，如图 4-38 所示。

图 4-38　添加"平衡"特效

20. 在"效果控件"窗口中展开"平衡"和其下的数值滑块，播放这段音视频，并同时将数值滑块移至左端，会听到配乐逐渐减弱至消失，在音量指示器中也可以看到这个立体声轨道中的右声道音量逐渐减小，如图 4-39 所示。

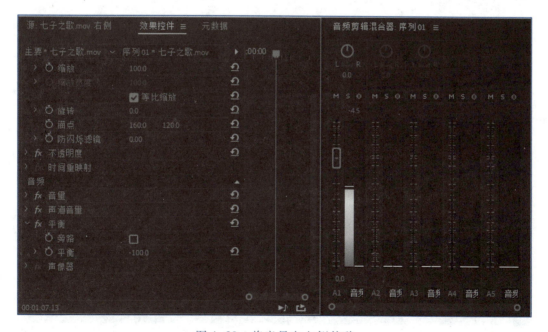

图 4-39　将音量向左侧偏移

提个醒

在平衡立体声轨道的时候，就是把一个轨道中的声音重新分配到另一个轨道中。

21. 将数值滑块移至右端，会听到配唱逐渐减弱至消失，在音量指示器中也可以看到这个立体声轨道中的左声道音量逐渐减小，如图 4-40 所示。

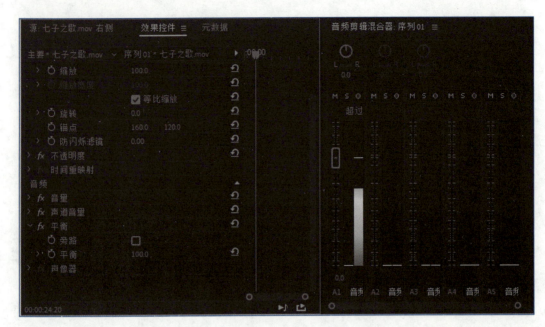

图 4-40　将音量向右侧偏移

"声道音量"特效：

22. "平衡"特效可以控制声音在左右声道之间的偏移，而"声道音量"特效可以分别调整左右声道的音量。先将"七子之歌.mov"音频上添加的特效删除，从"效果"窗口中展开"音频特效"下的"立体声"，从中选择"声道音量"，将其拖至 A1 轨道中的"七子之歌.mov"音频上，为其添加一个声道音量特效，如图 4-41 所示。

图 4-41　添加"声道音量"特效

23. 在"效果控件"窗口中展开"声道音量"和其下的数值滑块，播放这段音视频，并同时调整数值滑块，会听到相应声道的音量发生变化，从音量指示器中也可以查看结果，如图 4-42 所示。

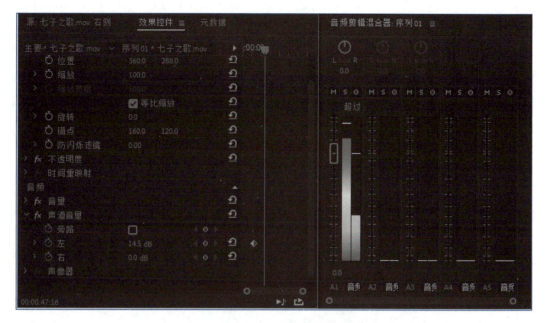

图 4-42　调整不同声道的音量

"用左侧填充右侧" 和 "用右侧填充左侧" 特效：

24. "用左侧填充右侧" 可以将立体声音频左声道的声音填充到右声道中，如果右声道原来没有声音，填充后就有了；如果右声道原来有声音，填充后将覆盖掉原来的声音。"用右侧填充左侧" 用法一样，声道相反。先将 "七子之歌.mov" 音频上添加的特效删除，从 "效果" 窗口中展开 "音频特效" 下的 "立体声"，从中选择 "用左侧填充右侧" 将其拖至 A1 轨道中的 "七子之歌.mov" 音频上，为其添加一个 "用左侧填充右侧" 特效，如图 4-43 所示。

图 4-43　添加 "用左侧填充右侧" 特效

25. 播放这段音视频，会听到只有配唱，原来右声道中的配乐被左声道中的配唱覆盖掉了。从音量指示器中也可以看到两个声道的音量完全一致。

26. 同样，如果删除掉当前特效后添加 "用右侧填充左侧" 特效，播放这段音视频，会听到只有配乐，原来左声道中的配唱被右声道中的配乐覆盖掉了。

"互换声道"特效：

27. "互换声道"特效可以将立体声的左右声道进行交换。先将"七子之歌.mov"音频上添加的特效删除，从"效果"窗口中展开"音频特效"下的"立体声"，从中选择"互换声道"将其拖至 A1 轨道中的"七子之歌.mov"音频上，为其添加一个互换声道特效，如图 4-44 所示。

图 4-44　添加"互换声道"特效

28. 播放这段音视频，在音量指示器中会看到左右声道音量的指示与原来的相反，即左右声道被互换了。

新建一个工程文件，导入音视频文件"心会跟爱一起走.wmv"，使用本任务的方法，分别对立体声转换为单声道、立体声分离单声道、"平衡"特效、"声道音量"特效、"用左侧填充右侧"和"用右侧填充左侧"特效、"互换声道"特效等操作进行练习。（本任务使用 Premiere 进行音频的左右声道设置，应用"素材"→"修改"→"音频声道"命令将单声道音频转换为立体声效果或把立体声转换为单声道，应用"音频特效"→"立体声"→"平衡"命令为音频添加平衡特效，应用"音频特效"→"立体声"→"声道音量"命令为音频素材添加声道音量特效，应用"音频特效"→"立体声"→"用左侧填充右侧"或"用右侧填充左侧"命令为音频素材添加左右声道特效，应用"音频特效"→"立体声"→"互换声道"命令实现音频素材的左右声道互换。）

任务三　变调变速

视频素材中速度可以发生变化，同样在音频中也有改变声音时间长度和声音速度快慢的

处理。同时声音时间长度的改变与其速度的快慢往往也是相互影响的，这就需要对其进行相应的处理，以达到预期的效果。

本任务分别对两个效果进行介绍："音高换挡器"和"速度/持续时间"。使用"音高换挡器"特效降低音调，使声音变得低沉，也可以提高音调，使声音变高。使用"速度/持续时间"效果时，可以勾选"保持音调不变"来保持音调。

知识点：声音的变调与变速。

 自己动手

新建工程文件：

1. 同第一单元任务二中的步骤1和步骤2。

2. 输入新建工程文件的名称"变调变速"。

导入素材文件：

3. 选择菜单"文件"→"导入"命令导入素材，在弹出的"导入"对话框中，选择"七子之歌.mov"，将其导入到项目窗口中。

4. 双击"七子之歌.mov"，将其在源素材监视器窗口中打开，单击画面下的按钮，将其切换为"音频波形"状态，可以看到其两个声道音频的波形图，左声道为配唱，右声道为配乐，如图4-45所示。

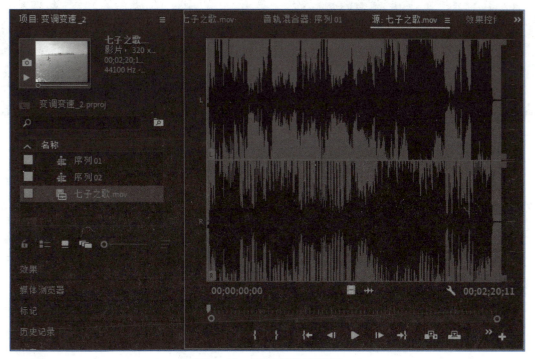

图4-45　查看音频波形图

声音的变调效果：

5. 将"七子之歌.mov"放到时间轴面板中，将其选中，然后选择菜单"剪辑"→"取消链接"命令，将视频和音频分离，如图4-46所示。

图4-46　分离视频和音频

6. 从"效果"窗口中展开"音频效果"，从中选择"平衡"，将其拖至A1轨道中的"七子之歌.mov"音频上，为其添加一个"平衡"特效。在"效果控件"窗口中展开"平衡"和其下的数值滑块，将滑块移至左端，设置为只有左声道有声音，即只播放配唱，如图4-47所示。

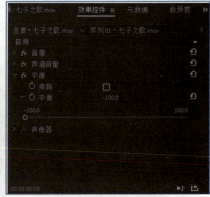

图4-47　添加"平衡"特效

7. 单独选择"七子之歌.mov"的音频部分，按快捷键Ctrl+C进行复制，再单击A2轨道使其处于高亮状态，将时间指针移至开始处，按快捷键Ctrl+V进行粘贴，这样在A2轨道上也放置了声音。

8. 在"效果控件"窗口中修改A2轨道上音频的"平衡"设置，将滑块移至右端，设置为只有右声道有声音，即只播放配乐，如图4-48所示。

9. 给这两个轨道中的音频素材重命名以方便区分。先选中A1轨道中的音频，选择菜单"剪辑"→"重命名"命令，将其重命名为"七子之歌配唱.mov"，再选择A2轨道中的音频，选择菜单"剪辑"→"重命名"命令，将其重命名为"七子之歌配乐.mov"，如图4-49所示。

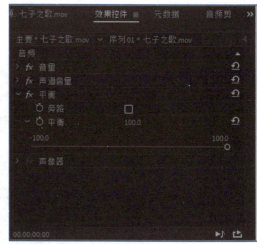

图 4-48 复制和设置两个轨道的音频

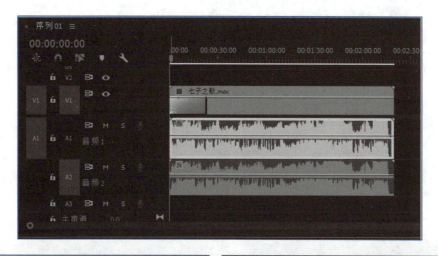

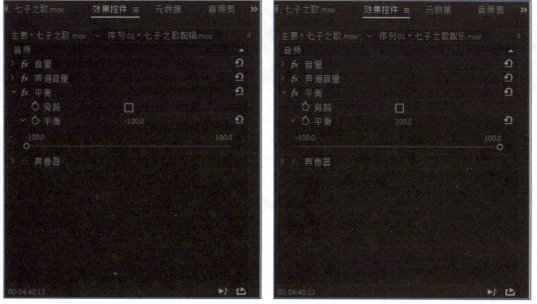

图 4-49 重命名两个轨道中的音频

10. 从"效果"窗口中展开"音频效果"，从中选择"音高换挡器"效果，将其拖至 A1 轨道中的"七子之歌配唱.mov"上，为其添加一个音调变换特效。在"效果控件"窗口中展开"音高换挡器"并单击"自定义设置"选项后的"编辑"按钮，在弹出的"剪辑效果编辑器–音高换挡器"对话框中，将变调栏的"半音阶"设置为–5。监听播放效果，"七子之歌配唱.mov"的音调被降低，配唱变得更加低沉，如图 4–50 所示。

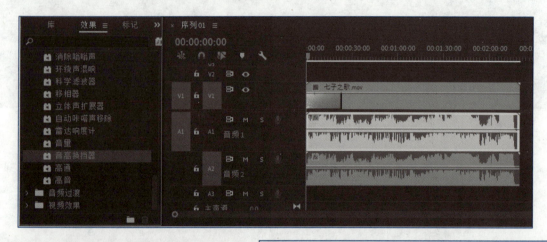

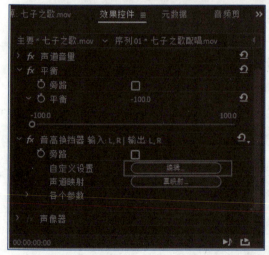 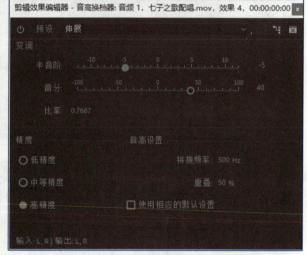

图 4–50　添加和设置音高换挡器

11. 这里对于音高换挡器效果的主要设置有两个，"半音阶"以半音阶增量变调，"音分"按半音阶的分数调整音调。可以将"半音阶"设置为 5，并将"音分"设置为 50。监听播放效果，"七子之歌配唱.mov"的音调被提高，配唱变得类似卡通的效果。

声音的变速效果：

12. 选择菜单"文件"→"新建"→"序列"命令，新建一个时间轴序列 02，将项目窗口中的"七子之歌.mov"放置到序列 02 时间轴中，在序列 02 的时间轴中制作声音的变速效果。

13. 选中时间轴中的"七子之歌.mov"，选择菜单"剪辑"→"速度/持续时间"命令，打开"剪辑速度/持续时间"对话框，将速度设为 85%，单击"确定"按钮，监听播放效果，"七子之歌.mov"的视频和音频的速度都变慢，同时音调被降低，配唱变得缓慢和低沉，如图4-51所示。

图4-51　慢放素材

 提个醒

改变了音视频的速度，其长度也一起发生变化，相对于视频来说，音频更为敏感，音频速度的变化更会引起注意。大多数情况下，为了保证原有的音频效果，应尽量避免音频速度的变化。一般情况下在对音视频做变速效果时，应将音频分离出来单独处理视频，然后将音频和视频再重新对位。

14. 选中时间轴中的"七子之歌.mov"，选择菜单"剪辑"→"速度/持续时间"命令，打开"剪辑速度/持续时间"对话框，将速度设为120%，单击"确定"按钮，监听播放效果，"七子之歌.mov"的视频和音频的速度都变快，同时音调被提高，配唱语速变快，声音变尖。

15. 还可以对变速选项进行修改，使得在音频被改变速度时仍保持原有的音调。选中时间线中的"七子之歌.mov"，选择菜单"剪辑"→"速度/持续时间"命令，打开"剪辑速度/持续时间"对话框，将速度设为120%，选中"保持音频音调"复选框，单击"确定"按钮，监听播放效果，"七子之歌.mov"的视频和音频的速度都变快，配唱语速变快，但声音的音调不变，如图4-52所示。

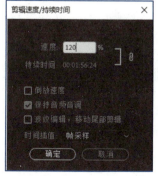

图4-52　快放素材

举一反三

新建一个工程文件，导入音频文件"心会跟爱一起走.wmv"，使用本任务的方法，对声音进行变调和变速效果的处理。（本任务使用 Premiere 改变音频素材的音调和速度，应用"效果"窗口的"音频效果"，从中选择"音高换挡器"为音频素材添加音调变换特效，应用"剪辑"→"速度/持续时间"命令为音频素材修改播放速度。）

任务四　音频特效

任务描述

视频画面中可以添加模糊、变色、扭曲等视频效果，同样音频也有多种效果，例如卷积混响效果、延迟效果、多重延迟效果、重音效果等，音频效果没有视频效果那么直观，不过通过监听声音效果和查看参数值的变化，可以找出其变化的规律，本任务将对部分常用的音频效果进行介绍和实例演示。

知识点：对音频进行多种效果处理。

自己动手

新建工程文件：

1. 同第一单元中任务二中的步骤 1 和步骤 2。

2. 输入新建工程文件的名称"音频特效"。

导入素材文件：

3. 选择菜单"文件"→"导入"命令导入素材，在弹出的"导入"对话框中，选择"七子之歌.mov"，单击"打开"按钮，将其导入项目窗口中。

4. 双击"七子之歌.mov"，将其在源素材监视器窗口中打开，单击画面下的按钮 ，将其切换为"音频波形"状态，可以看到其两个声道音频的波形图，左声道为配唱，右声道为配乐。

混响效果：

5. 将"七子之歌.mov"放置到时间线中，从"效果"窗口中展开"音频效果"，从中选择"卷积混响"效果，将其拖至时间轴的 A1 轨道上，为其添加一个声音混响的效果，如

图 4-53 所示。

图 4-53　添加"卷积混响"效果

6. 在时间轴中选择"七子之歌.mov",在"效果控件"窗口中展开"卷积混响"下的"自定义设置",单击其后的"编辑"按钮将"脉冲"设置为空客厅,将"混合"设置为50%,将"房间大小"设置为30%,将"阻尼 LF"设置为100%,将"阻尼 HF"设置为73%,将"预延迟"设置为39 ms,将"宽度"设置为37%,将"增益"设置为17 dB。监听播放效果,声音有了明显的混响效果,如图 4-54 所示。

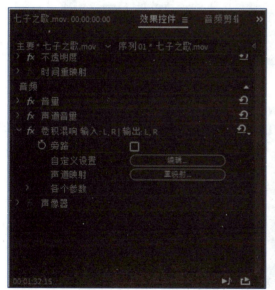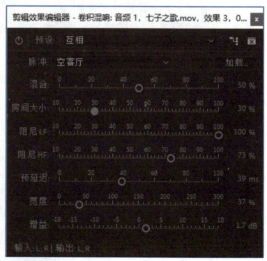

图 4-54　设置卷积混响效果

小知识

在卷积混响中的几个参数含义如下。

① 脉冲:指定模拟声学空间的文件。单击"加载"以添加自定义脉冲文件。

② 混合:控制原始声音与混响声音的百分比。

③ 房间大小:指定由脉冲文件定义的完整空间的百分比。百分比越大,混响时间越长。

④ 阻尼 LF：减少混响中的低频重低音分量，避免模糊以产生更清晰的声音。

⑤ 阻尼 HF：减少混响中的高频瞬时分量，避免刺耳声音以产生更温暖、更生动的声音。

⑥ 预延迟：确定混响形成最大振幅所需的毫秒数。

⑦ 宽度：控制立体声扩展。

⑧ 增益：在处理之后增强或减弱声音振幅。

延迟效果：

7. 在时间轴中选择"七子之歌.mov"，在"效果控件"窗口中单击"卷积混响"前面的按钮 ，将其关闭。从"效果"窗口中展开"音频效果"，从中选择"延迟"，将其拖至时间轴的 A1 轨道上，为其添加一个延迟效果，如图 4-55 所示。

图 4-55　添加"延迟"效果

8. 在时间轴中选择"七子之歌.mov"，在"效果控件"窗口中展开"延迟"查看其设置，在默认的设置下，监听播放效果，声音有了明显的延迟效果。默认的延迟时间为 1 秒，这里将其减小至 0.2 秒，监听播放效果，如图 4-56 所示。

图 4-56　设置"延迟"效果

在"延迟"中的几个参数含义如下所述。

① 延迟：延迟效果的出现与原来声音之间所间隔的秒数。

② 反馈：反馈一系列延迟效果的百分比数值。

③ 混合：效果声音的混合比例。

多重延迟效果：

9. 在时间轴中选择"七子之歌.mov"，在"效果控件"窗口中单击"延迟"前面的按钮 fx，将其关闭。从"效果"窗口中展开"音频效果"，从中选择"多功能延迟"，将其拖至时间轴的 A1 轨道上，为其添加一个参数项目更多的多功能延迟效果，如图 4-57 所示。

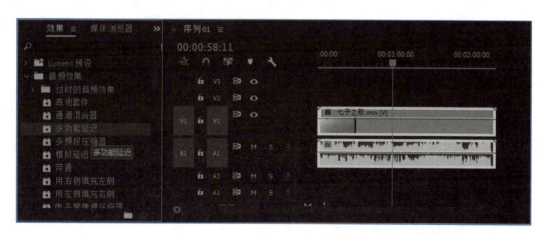

图 4-57 添加"多功能延迟"效果

"多功能延迟"的参数虽然很多，但是使用过"延迟"后会很容易看懂。"多功能延迟"可以为需要被编辑的音频同时最多添加4个回声。在"多功能延迟"的几种参数中多了一种电平参数"级别"。延迟1至延迟4设置延迟依次出现的时间，电平参数还可以控制每个延迟声音的音量大小。

重音效果：

10. 在时间轴中选择"七子之歌.mov"，在"效果控件"窗口中单击"多功能延迟"前面的按钮 fx，将其关闭。从"效果"窗口中展开"音频效果"，从中选择"低音"，将其拖至时间轴的 A1 轨道上，为其添加一个低音效果，如图 4-58 所示。

图4-58 添加和设置"低音"效果

📖 **小知识**

"低音"效果用于增大或减小低频。"低音"效果的参数只有一个"提升",将其下滑条上的滑块向左侧移动降低数值时,减小重音,向右侧移动增大数值时,加大重音。

多频段压缩器效果:

11. 在时间轴中选择"七子之歌.mov",在"效果控件"窗口中单击"低音"前面的按钮 *fx*,将其关闭。从"效果"窗口中展开"音频效果",从中选择"多频段压缩器",将其拖至时间轴的 A1 轨道上,为其添加一个多频段压缩效果,如图 4-59所示。

12. 多频段压缩器的参数看上去较多,其实是三类相似的参数,分别用来设置低、中间和高三个频段。此外,单击"自定义设置"右侧的"编辑"按钮,可以弹出"剪辑效果编辑器-多频段压缩器"对话框,在对话框中的"预设"选项下拉菜单中可以选择多种预设效果。利用预设效果可以设置出多种音频特效,如图 4-60 所示。

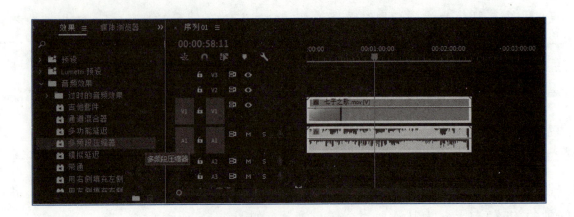

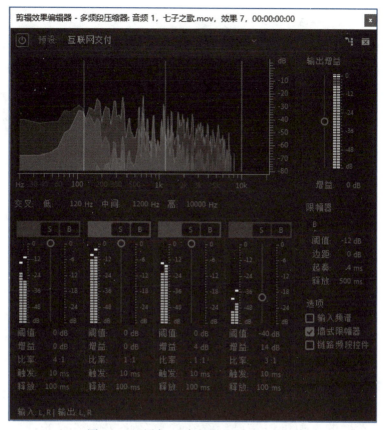

图 4-59 添加"多频段压缩器"效果

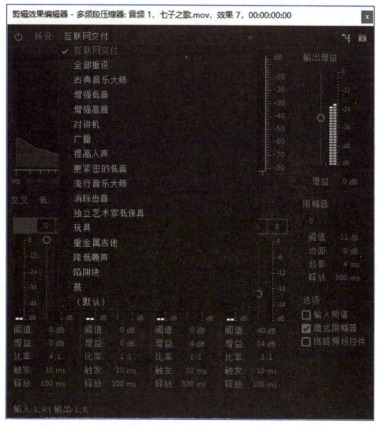

图 4-60 设置"多频段压缩器"

举一反三

新建一个工程文件，导入音频文件"轻音乐.mp3"，使用本任务的方法，进行声音特效的处理操作。（本任务使用 Premiere 为音频素材添加特效，应用"效果"窗口中的"音频效果"，从中选择"卷积混响"为音频添加混响效果，应用"音频效果"→"延迟"命令，为音频添加"延迟"效果，应用"音频效果"→"多功能延迟"命令，为音频添加"多功能延迟"效果，应用"音频效果"→"低音"命令，为音频添加"低音"效果，应用"音频效果"→"多频段压缩器"命令，为音频添加多频段压缩器效果。）

任务五　录 制 声 音

任务描述

Premiere 中编辑素材的来源可以是已经存在的数字化文件格式的视频、音频或图形文件等，也可以直接用 Premiere 来采集外部的视频或音频，将其转换为可处理的文件格式。在本任务中讲解两种方法：一种是利用音视频采集卡在"捕捉"窗口中采集线路输入的音频，另一种是在声卡"音轨混合器"窗口中进行采集。

知识点：使用"捕捉"窗口和"音轨混合器"窗口录制音频，使用时间轴窗口录制画外音。

自己动手

新建工程文件：

1. 同第一单元任务二中的步骤 1 和步骤 2。

2. 输入新建工程文件的名称"录制声音"。

录制声音的两种方式：

3. 录制声音的第 1 种方式与录制视频类似，利用音视频采集卡来进行录制。需要将播放音视频的设备连接到计算机中安装的音视频采集卡上，选择菜单"文件"→"捕捉"命令（快捷键为 F5），打开"捕捉"窗口，在"记录"面板的"设置"下选择"捕捉"所需要的采集类型，如果只录制声音，选择"音频"即可，如图 4-61 所示。

4. 录制声音的第 2 种方式与 Windows 中的录音机相似，是利用声卡来进行录制。将麦克风连接到计算机声卡上的麦克风输入端口中，在工作区面板单击"音频"选项卡，将工作区切换为音频编辑界面，在"音轨混合器"窗口中进行录制操作，如图4-62所示。

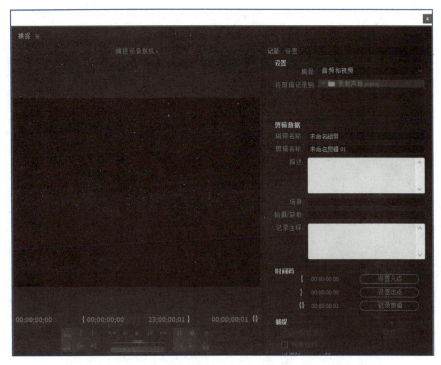

图4-61　第1种方式在"捕捉"窗口中使用

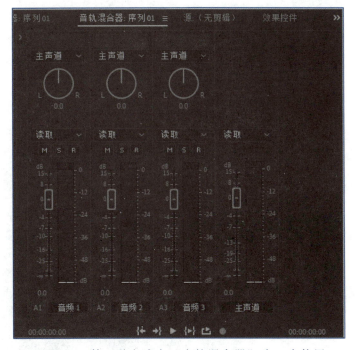

图4-62　第2种方式在"音轨混合器"窗口中使用

5. 此外，在第2种方式中，还可以不通过麦克风输入，而是在Windows系统中进行声音的内录，也是在"音轨混合器"窗口中进行录制操作。

6. 在"捕捉"窗口或"音轨混合器"窗口中录制声音时，所产生的声音文件存储的目录路径是相同的,可以预先设定。可以选择菜单"文件"→"捕捉"命令(快捷键为 F5),打开"捕捉"窗口,在"设置"面板下设置音频的存储路径,或选择菜单"文件"→"项目设置"命令,选择"暂存盘"选项卡,设置所采集音频的存储路径,如图 4-63 所示。

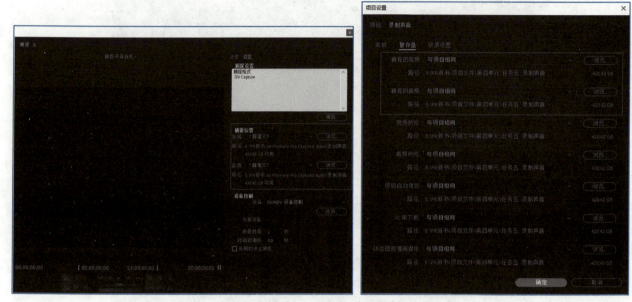

图 4-63　音频存储路径

从麦克风中录制声音:

7. 选择菜单"编辑"→"首选项"→"音频硬件"命令,在弹出的"首选项"对话框中的"音频硬件"选项下,将软件的默认声音输入改为"麦克风",单击"确定"按钮,如图 4-64 所示。

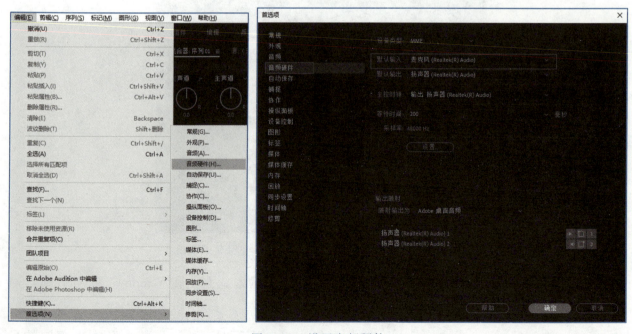

图 4-64　设置音频硬件

8. 将麦克风连接至计算机并打开，在"音轨混合器"窗口中，将音轨 A1 的"自动模式"设置为"触动"，单击"录制"按钮 ⬤ 打开录音模式，单击"播放—停止"切换按钮 ▶ 进行音频录制，再次单击"播放—停止"切换按钮结束音频录制，如图 4-65 所示。

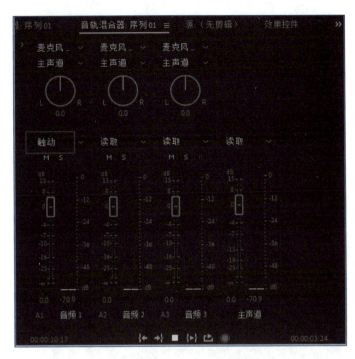

图 4-65　使用"音轨混合器"录音

9. 录音完成后，可以看到时间轴的 A1 轨道上和项目窗口中自动添加了刚才录制的音频文件"音频 1.wav"，如图 4-66 所示。

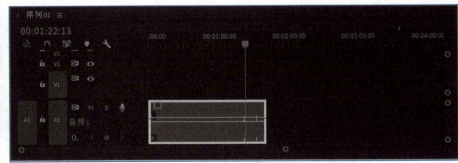

图 4-66　自动添加录制的音频

分轨道再次录音：

10. 在"音轨混合器"窗口中，单击音轨 A1 的"启用轨道以进行录制"按钮 ▦，取消激活，不再使用 A1 轨道进行声音录制。单击激活 A3 轨道的"启用轨道以进行录制"按钮，将时间指针拖动至时间轴原点，在"音轨混合器"窗口中单击"录制"按钮⬤打开录音模式，单击"播放—停止"切换按钮▶进行音频录制，再次单击"播放—停止"切换按钮结束音频录制，如图 4-67 所示。

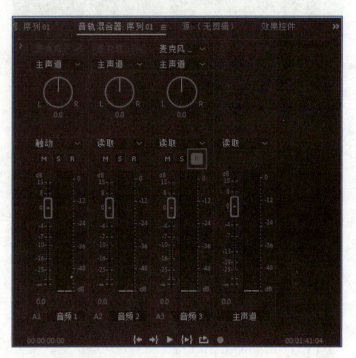

图 4-67　再次在"音轨混合器"窗口音轨 A3 中录音

11. 录音完成后，可以看到时间轴的 A1 轨道上和项目窗口中自动添加了刚才录制的音频文件"音频 3.wav"，如图 4-68 所示。

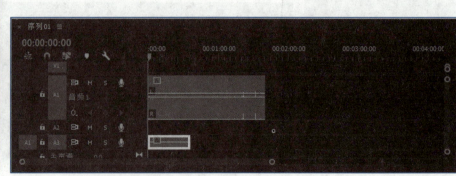

图 4-68　时间线中显示录制的音频

画外音录制：

12. 在项目窗口中右击，导入视频素材"七子之歌.mov"，将视频素材拖动至时间轴的

V1 轨道中。在时间轴上用鼠标选取"七子之歌.mov"后右击，选择"取消链接"命令，将素材的音视频分离，选择 A1 轨道上的素材音频进行删除，如图 4-69 所示。

图 4-69 导入视频素材并删除原有声音

13. 在时间轴窗口中，单击 A1 轨道上的"画外音录制"按钮 ，启动画外音录制，此时"节目监视器"面板中显示"3-2-1"倒计时指示，倒计时结束后视频素材开始播放，同时开始录制音频，设计师可以根据视频素材的内容同步录制画外音，如图 4-70 所示。

图 4-70 画外音录制

举一反三

新建一个工程文件，使用本任务的方法，进行两种方法录制声音的练习。（本任务使用 Premiere 录制声音，选择菜单"文件"→"捕捉"命令采集声音，使用"音轨混合器"窗口从麦克风中录制声音，使用时间轴窗口录制画外音。）

第五单元

制作视频字幕

字幕是影片的重要组成部分，可以起到提示人物和地点的名称等作用，并可以作为片头的标题和片尾的滚动字幕。使用 Premiere 软件的字幕功能可以创建专业级字幕。随着软件版本的不断提升，Premiere 软件的字幕功能更加强大，增添了新的文字工具模块，而原来的旧版字幕工具改为"旧版标题"。在字幕中，可以使用系统中安装的任何字体创建字幕，并可以置入图形或图像作为 Logo，此外，使用字幕内置的各种工具还可以绘制一些简单的图形。

任务一 简单字幕

 **任务描述**

本任务将在 4 张图片上建立相对应的文字，并在不同位置建立中文字幕，使用字幕功能来讲解其操作过程。通过任务练习，可以掌握字幕功能的简单操作，了解字幕窗口的各部分内容，能够使用字幕建立简单的静态文字，包括对文字进行字体、尺寸、位置的设置，以及以当前字幕为基础建立新的字幕。实例效果如图 5-1 所示。

图 5-1 简单字幕的实例效果

知识点：建立简单的字幕，旧版标题工具与新文字工具。

 自己动手

新建工程文件：

1. 同第一单元任务二中的步骤 1 和步骤 2。

2. 输入新建工程文件的名称"简单字幕"。

导入素材文件：

3. 选择菜单"编辑"→"首选项"→"时间轴"命令，打开"首选项"对话框，将其中的"视频过渡默认持续时间"修改为 50 帧（2 秒），将"静止图像默认持续时间"修改为 125 帧（5 秒），然后单击"确定"按钮。

4. 选择菜单"文件"→"导入"命令，在弹出的"导入"对话框中，选择"北京.jpg""天津.jpg""重庆.jpg"和"上海.jpg"4 个素材文件，导入素材。在项目窗口中可以看出这些素材的长度都为 5 秒，如图 5-2 所示。

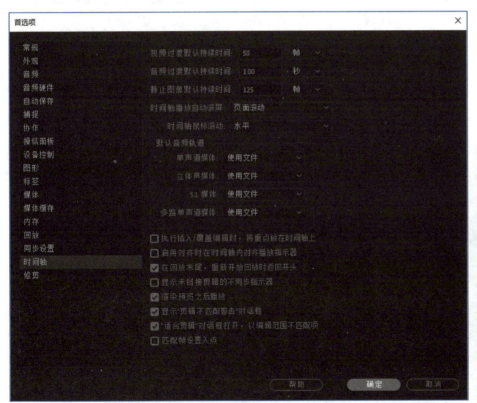

图 5-2 设置转场和图片长度

5. 从项目窗口中按住 Ctrl 键不放，用鼠标按顺序依次单击选择"北京.jpg""天津.jpg""重庆.jpg"和"上海.jpg"4 个素材文件，将其拖至时间轴的 V1 轨道中，使其首尾相连接。

使用"旧版标题"面板制作字幕：

6. 先在"北京.jpg"的画面上添加文字"北京"。当时间线中的时间指针停在"北京.jpg"上，选择菜单"文件"→"新建"→"旧版标题"命令，打开一个"新建字幕"对话框，要求输入字幕名称。这里使用其默认的名称"字幕01"，单击"确定"按钮，打开"旧版标题"面板（以下简称字幕窗口），如图5-3所示。

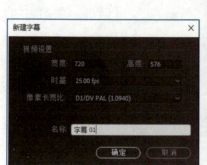

图5-3　建立字幕"字幕01"

7. 字幕窗口由五大部分组成，中间为字幕窗口主体面板部分，左上部为字幕工具，左下部为字幕动作，中下部为字幕样式，右部为字幕属性。字幕窗口可以用鼠标拖动更改大小，也可以拖动调整其中各个部分的大小，这几个部分也可以分别显示或关闭。关闭后再显示的方法是在菜单"窗口"下选择相应的面板，也可以在字幕窗口的主体面板右上角的菜单中选择相应的面板即可，如图5-4所示。

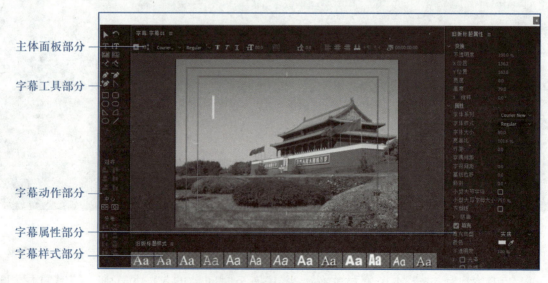

图5-4　字幕窗口的组成

8. 从"字幕工具"面板中，选择默认的"文字工具" T （字幕窗口激活状态下快捷键为 T），在字幕窗口视频区域左上部单击，输入文字"北京"，如图 5-5 所示。

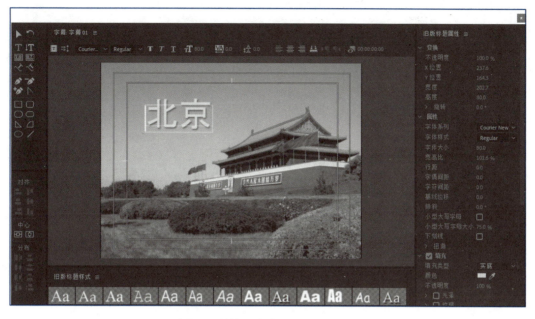

图 5-5 使用文字工具输入文字

9. 输入结束后将当前工具切换到"选择工具" （字幕窗口激活状态下快捷键为 V），此时输入的文字周围有 8 个操作控制点，可以对其进行缩放或旋转，同时可以拖动文字进行位置移动，如图 5-6 所示。

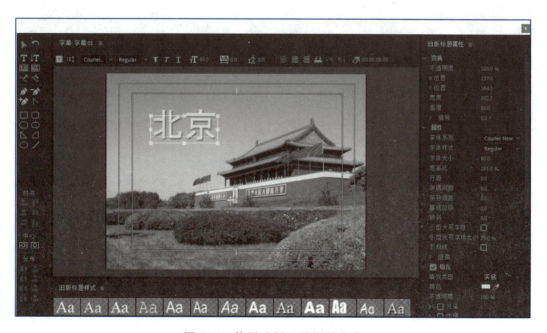

图 5-6 使用选择工具调整文字

10. 对字体和大小进行设置，在字幕窗口的主体面板上部可以打开"字体浏览"窗口，从中选择所需要的字体，这里选择楷体，单击"确定"按钮，文字的字体被更改为楷体。此外在"旧版标题属性"面板中的"属性"下单击"字体系列"右侧的下拉菜单，也可以打开"字体浏览"窗口，如图5-7所示。

图5-7　设置文字属性

11. 在"字幕"窗口视频区域中用鼠标将文字"北京"拖动缩放到适合大小，此时字幕窗口右侧"属性"下"字体大小"等参数会随着文字大小等变化而变化，如图5-8所示。

图5-8　调整文字大小

12. 选择文字"北京"，在右侧的"旧版标题属性"面板中单击"阴影"前面的小方框将其勾选，给文字添加阴影，并适当调节参数，如图5-9所示。

13. 单击字幕窗口右上角的"关闭"按钮，关闭字幕窗口。在项目窗口中会看到新增加了一个"字幕01"，其长度同预设的静止图片长度一致，为5秒。将其拖至时间轴中，如图5-10所示。

图5-9 为文字添加阴影

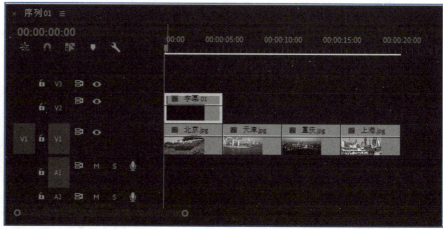

图5-10 放置文字到时间轴

另存为其他字幕：

14. 在时间轴中将时间指针移至图片"天津.jpg"上，双击"字幕01"，打开字幕窗口，此时视频背景是"天津.jpg"的画面。

15. 单击字幕窗口左上角的"基于当前字幕新建字幕"按钮，打开"新建字幕"对话框，输入字幕名称。这里为"字幕02"，单击"确定"按钮，新建一个"字幕02"字幕窗口，其中保留了原来"字幕01"的内容，如图5-11所示。

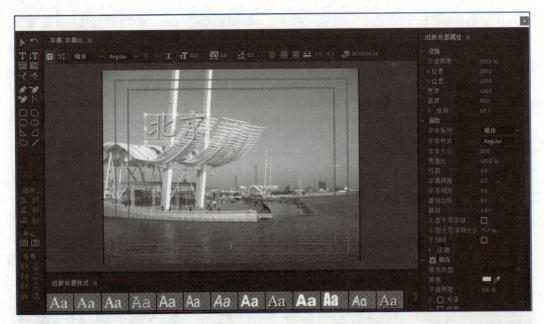

图 5-11　基于当前字幕创建"字幕 02"

提个醒

在进行字幕制作时，经常会遇到要制作多个字幕，而这些字幕属于同一个类型，其中的风格、版本等相同，而文字内容不同。此时可以基于当前字幕创建一个新字幕，在当前字幕内容的基础上，进行简单的修改即可完成新字幕的制作。

16. 在"字幕 02"字幕窗口中，将文字"北京"改为"天津"，并将文字移至合适的位置，如图 5-12 所示。

图 5-12　更改文字

17. 将字幕窗口暂时移到下方，可以看到在项目窗口中新添加了"字幕02"。在时间轴中将当前时间指针移至"上海.jpg"的画面上，如图5-13所示。

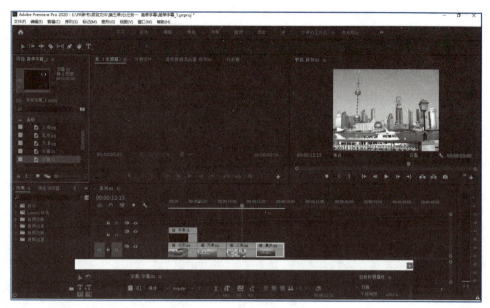

图5-13　移动时间轴位置

18. 将"字幕"窗口向上移回至屏幕的中央。同样，单击字幕窗口左上角的"基于当前字幕新建字幕"按钮 ，打开"新建字幕"对话框，要求输入字幕名称。这里为"字幕03"，单击"确定"按钮，新建了一个"字幕03"的字幕窗口，其中保留了原来"字幕02"的内容。在"字幕03"字幕窗口中，将文字"天津"改为"上海"，并将文字移至合适的位置，如图5-14所示。

图5-14　基于当前字幕创建"字幕03"

使用新字幕工具制作字幕：

19. 关闭"旧版标题"面板，选择激活工作区中的时间轴窗口，使用键盘上的方向键"↓"键，再将当前时间指针移到"上海.jpg"与"重庆.jpg"之间的切点上。选择工具面板上的"文字工具" ，在"节目监视器"面板中单击创建新字幕（快捷键为 Ctrl+T）并输入文字"重庆"。可以看到在"时间轴"窗口的 V2 轨道上，以时间指针为入点，自动添加了"重庆"图形素材，如图 5-15 所示。

图 5-15　使用文字工具创建新字幕

20. 在工具面板中选择"选择工具"按钮 ，将"节目监视器"面板中的文字"重庆"拖动至画面右上角，选择菜单"窗口"→"基本图形"命令，在工作区右侧打开"基本图形"面板，在"基本图形"面板的"编辑"选项下单击"重庆"素材，可以在"基本图形"面板看到素材的各种属性信息，在"文本"选项下将字体设置为"楷体"，如图 5-16 所示。

21. 制作好字幕之后，从项目窗口中将字幕分别放置到时间轴中对应的画面上，并分别在各图片之间和字幕之间添加默认的"交叉溶解"转场。这样制作完成 4 个城市过渡的画面和文字效果。

举一反三

新建一个工程文件，使用本次任务的学习方法，建立一个字幕，内容为"春"，然后在其基础上建立其他两个字幕，并使用"文字工具"新建一个字幕，将字幕放至时间线中，产生四季图片与文字变化的效果，如图 5-17 所示。（本任务使用 Premiere 字幕工具制作字幕，选择菜单"文件"→"新建"→"旧版标题"命令创建字幕，并在字幕窗口中设置字幕的属性，使用"文字工具"直接在"节目监视器"面板中创建字幕，选择菜单"窗口"→"基本图形"命令，打开"基本图形"面板，在"编辑"选项下对创建的字幕文字进行属性设置。）

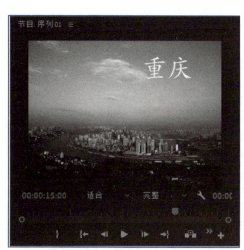

图 5-16　放置字幕并设置

图 5-17　举一反三——制作不断变化的文字

任 务 二　滚 动 字 幕

任务描述

任务一初步介绍了字幕窗口及建立简单的静态文字，本任务将学习使用区域文字工具制作多行多段文字，并将其设置为滚动字幕的效果。在本任务中制作滚动字幕时，首先使用水平区域文字工具建立多行多段文字，然后在其基础上建立向上滚动的字幕。在向上滚动字幕的设置中，可以设置其在屏幕内或屏幕外的位置及滚动的停留时间。另外，向上滚动字幕在滚动进入屏幕或离开屏幕时，还可以设置其变速滚动效果。掌握了向上滚动字幕的制作方法后，再制作游动字幕就会比较简单了。任务实例效果如图 5-18 所示。

图 5-18　滚动字幕的实例效果

知识点：制作滚动效果的字幕。

自己动手

新建工程文件：

1. 同第一单元任务二中的步骤 1 和步骤 2。

2. 输入新建工程文件的名称"滚动字幕"。

导入素材文件：

3. 选择菜单"文件"→"导入"命令导入素材，在弹出的"导入"对话框中，选择"唐诗.jpg"，将其导入项目窗口中。

4. 从项目窗口中将"唐诗.jpg"拖至时间轴的 V1 轨道中，如图 5-19 所示。

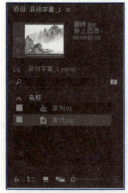

图 5-19　导入图片并放置到时间线中

制作静止字幕：

5. 对于已经存在文档中的文字，可以将其复制下来，粘贴到 Premiere 中即可使用。对于有特殊格式的文字，可以先保存为普通的文本文件格式，然后从文本文件中进行粘贴操作。这里打开"宣州谢朓楼饯别校书叔云.txt"文本文件，从中选择全部文字，使用快捷键 Ctrl+C 复制。

6. 选择菜单"文件"→"新建"→"旧版标题"命令，打开一个"新建字幕"对话框，要求输入字幕名称，这里设置名称为"静止字幕"，单击"确定"按钮，打开字幕窗口。

7. 从"字幕工具"面板中，选择"区域文字工具"　，在字幕窗口视频区域左上角按下鼠标左键并拖至右下角，这样建立了一个字幕输入区域。在其输入文字的状态下，按快捷键 Ctrl+V 粘贴，如图 5-20 所示。

图 5-20　建立"静止字幕"并复制文字

8. 在默认状态下，字体有可能会显示不正确，这是由于当前字体不合适，可以重新选择。先将当前工具切换到"选择工具"　，以便进行其他操作。在"旧版标题属性"面板中的"属性"下单击"字体系列"右侧的下拉菜单，打开"字体浏览"窗口，从中选择字体为黑体，将字体大小设为 25，如图 5-21 所示。

9. 由于文字和背景画面叠加时不容易看清，可以更改文字颜色。在右侧的字幕属性下展开"填充"，在"颜色"中将文字颜色设置为黑色。

10. 在右侧的字幕属性下展开"描边"，在"外描边"后单击"添加"按钮，添加一个外描边，使用白色，如图 5-22 所示。

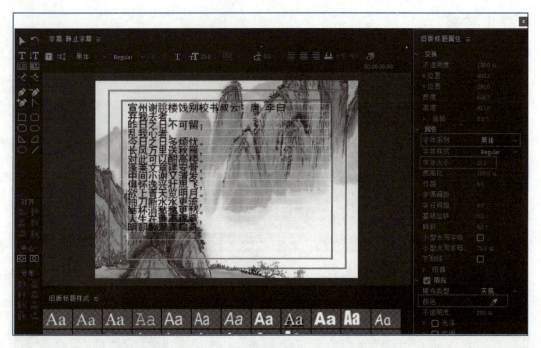

图 5-21　设置文字属性

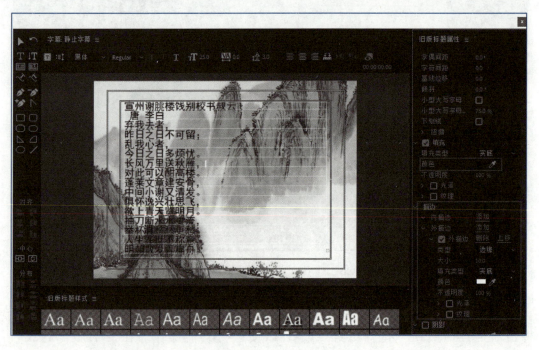

图 5-22　给文字设置颜色和轮廓

11. 修改文字行间距，可以在右侧"属性"下将其"行距"由原来的 0 增大为 10。然后在文本框中只选择第一行中的标题文字，将"字偶间距"设置为 10，如图 5-23 所示。

制作滚动字幕：

12. 在以上"静止字幕"的基础上，再制作滚动字幕。单击字幕窗口左上角的"基于当前字幕新建字幕"按钮，打开"新建字幕"对话框，输入字幕名称。这里为"滚动字幕"，单击"确定"按钮，在窗口中保留了原来的内容。

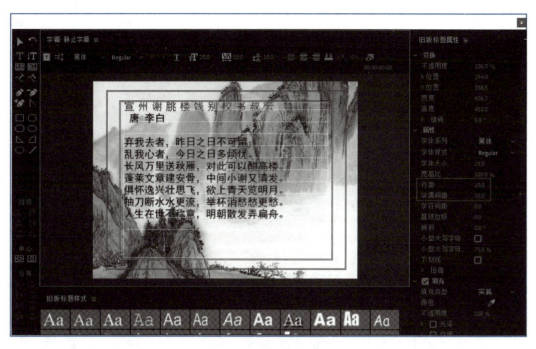

图 5-23　调整文字属性

13. 在"滚动字幕"的字幕窗口中，单击左上角的"滚动/游动选项"按钮 ，打开"滚动/游动选项"对话框，从中将"字幕类型"选择为"滚动"，其他参数暂时保持默认设置不变，单击"确定"按钮，如图 5-24 所示。

图 5-24　基于当前字幕创建"滚动字幕"

14. 用鼠标拖动区域文字框的右下角，将其向左下方拉得窄一些和长一些，并且在右侧的字幕属性下将文字的"行距"增大到 25。此时文字的篇幅超过一个屏幕时，可以将窗口上下滚动，如图 5-25 所示。

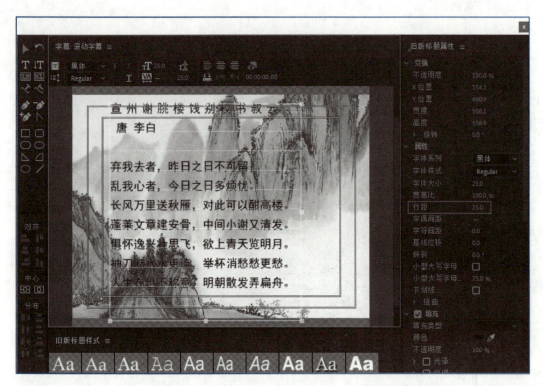

图 5-25　增大行距

15. 关闭字幕窗口，在项目窗口中可以看到所建立的两个字幕，"静止字幕"显示为静止图片，"滚动字幕"显示为视频。将其拖至时间轴中，播放时，可以看到字幕有上移的动作，不过滚动的幅度不大，如图 5-26 所示。

图 5-26　在项目窗口和时间线中查看"滚动字幕"

16. 双击"滚动字幕"，打开字幕窗口，单击字幕窗口左上角的"滚动/游动选项"按钮，打开"滚动/游动选项"对话框，将"定时（帧）"下的"开始于屏幕外"和"结束于屏幕外"勾选，单击"确定"按钮，并退出字幕窗口。在时间轴上播放，字幕从屏幕之外开始向上滚动，直到滚动出屏幕外结束，如图 5-27 所示。

图 5-27　设置滚入并滚出屏幕的字幕效果

17.再双击"滚动字幕",打开字幕窗口,单击按钮▦▦,打开"滚动/游动选项"对话框,将"定时(帧)"下的"开始于屏幕外"勾选,将"结束于屏幕外"去掉勾选,单击"确定"按钮,并退出字幕窗口。在时间线上播放,字幕从屏幕之外开始向上滚动,到滚动结束时字幕保留在制作时的位置中而不会滚动出屏幕外,如图 5-28 所示。

图 5-28　设置滚入屏幕并停留的字幕效果

18.同样,再双击"滚动字幕",打开字幕窗口,单击按钮▦▦,打开"滚动/游动选项"对话框,将"定时(帧)"下的"开始于屏幕外"去掉勾选,将"结束于屏幕外"勾选上,单击"确定"按钮,并退出字幕窗口。在时间线上播放,字幕从制作时的位置开始上滚,到滚动结束时字幕完全滚动出屏幕之外,如图 5-29 所示。

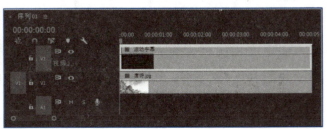

图 5-29　设置从屏幕中滚出屏幕的字幕效果

19.如果希望字幕从屏幕之外滚动进入,结束时不滚出屏幕,而且能在屏幕中停留一段时间,也可以进行字幕设置。双击"滚动字幕",打开字幕窗口,单击按钮▦▦,打开"滚动/游动选项"对话框,将"定时(帧)"下的"开始于屏幕外"勾选,将"结束于屏幕外"去掉勾选,并将"过卷"设置为50,滚动后停留50帧,即2秒,单击"确定"按钮,并退出字幕窗口。在时间轴上播放,当前字幕的总长度为5秒,字幕从屏幕的下方向上滚动至第3秒时,滚动到最后的画面并停止2秒,如图5-30所示。

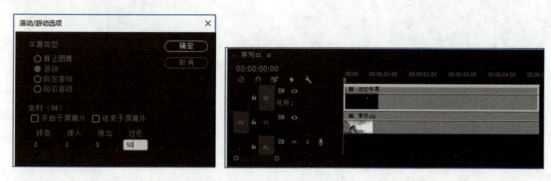

图5-30 设置屏幕中的字幕停留时间

变速滚动字幕:

20. 为了更清楚地演示字幕的向上滚动速度,新制作一个行数多些的字幕,以便有更长距离的滚动过程。选择菜单"文件"→"新建"→"序列"命令(快捷键为Ctrl+N),新建一个时间线序列02,在项目窗口中将"唐诗.jpg"拖至时间轴中。

21. 这里打开"宣州谢脁楼饯别校书叔云.txt"文本文件,从中选择全部文字,按Ctrl+C键复制。

22. 选择菜单"文件"→"新建"→"旧版标题"命令,打开一个"新建字幕"对话框,要求输入字幕名称,这里将其命名为"变速滚动字幕",单击"确定"按钮,打开字幕窗口。

23. 从"字幕工具"面板中,选择"文字工具",在字幕窗口视频区域左上方单击,按快捷键Ctrl+V粘贴。设置字体为黑体,大小为25,行距为10,将文字移到屏幕的中部,如图5-31所示。

24. 单击按钮 ,打开"滚动/游动选项"对话框,将"定时(帧)"下的"开始于屏幕外"和"结束于屏幕外"勾选上,单击"确定"按钮,这样使字幕从屏幕下方之外滚入,并滚动到屏幕上方之外。在时间轴中将"变速滚动字幕"的长度拉长或缩短,文字滚动的距离不变,而速度相应有所变化,缩短时变快,拉长时变慢。如当前字幕的长度为5秒时,字幕的滚动时间为5秒,将字幕拉长为10秒时,则字幕的滚动时间为10秒,滚动的速度是原来的一半,如图5-32所示。

25. 将"变速滚动字幕"的长度确定为10秒,打开字幕窗口,单击字幕左上角的"滚动/游动选项"按钮,打开"滚动/游动选项"对话框,将"定时(帧)"下的"开始于屏幕外"和"结束于屏幕外"去掉勾选,将"预卷"设置为25(滚动前预停25帧),将"缓入"设置为50(在50帧的长度内加速),将"缓出"设置为50(在50帧的长度内减速),

将"过卷"设置为75（滚动后停留75帧），单击"确定"按钮，并退出字幕窗口。在时间线上播放，观看字幕的滚动效果。字幕静止1秒后开始向上滚动，并在第1~3秒之间由慢到快，在第3~5秒之间保持均匀的快速滚动状态，在第5~8秒之间，由快到慢，并在第8秒后停止滚动，到第10秒时结束。图5-33中在这几个时间点中分别添加了标记点以便于查看。

图5-31　建立多行滚动字幕

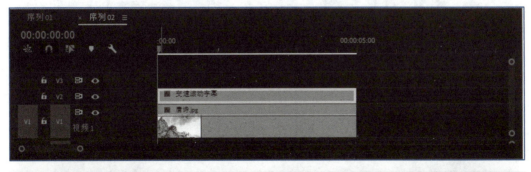

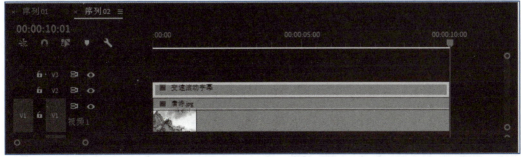

图5-32　改变滚动字幕和长度影响滚动速度

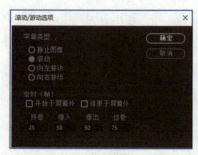

图 5-33　设置变速滚动的字幕效果

游动字幕：

26. 向上滚动字幕制作完成后，再制作游动字幕。选择菜单"文件"→"新建"→"序列"命令，新建一个时间线序列 03，在项目窗口中将"唐诗.jpg"拖至时间线中。

27. 打开"宣州谢朓楼饯别校书叔云.txt"文本文件，去掉文字中间的回车符，选择全文，按 Ctrl+C 键复制。

28. 选择菜单"菜单"→"新建"→"旧版标题"命令，打开一个"新建字幕"对话框，要求输入字幕名称，这里将其命名为"游动字幕"，单击"确定"按钮，打开字幕窗口。

29. 从"字幕工具"面板中，选择"文字工具"，在字幕窗口视频区域左下方单击，按快捷键 Ctrl+V 粘贴。然后设置适当的字体和大小，这里设置字体为黑体，大小为 30，将其放置在底部合适的位置，如图 5-34 所示。

图 5-34　建立游动字幕

30. 单击字幕窗口右上角的"关闭"按钮，将字幕窗口关闭，在时间轴中播放查看字幕的游动效果，默认向左移动，并且文字不会移出屏幕，如图5-35所示。

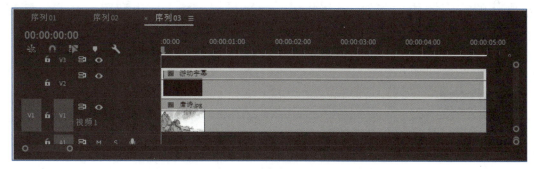

图 5-35　查看默认游动效果

31. 打开"游动字幕"窗口，单击 ![button] 按钮，打开"滚动/游动选项"对话框，将"定时（帧）"下的"开始于屏幕外"和"结束于屏幕外"勾选，单击"确定"按钮，这样使字幕从屏幕右侧之外进入，并移动到屏幕的左侧之外，如图5-36所示。

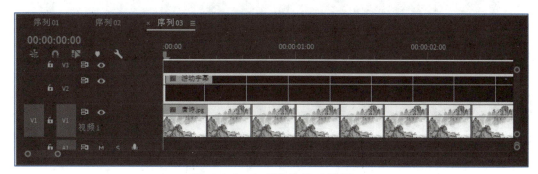

图 5-36　查看默认游动效果

32. 然后将"游动字幕"的长度确定为10秒，打开其字幕窗口，单击字幕左上角的"滚动/游动选项"按钮，打开"滚动/游动选项"对话框，将"定时（帧）"下的"开始于屏幕外"和"结束于屏幕外"勾选，将"缓入"设置为75（在75帧的长度内加速），将"缓出"设置为75（在75帧的长度内减速），单击"确定"按钮，并退出字幕窗口。在时间轴上播放，观看字幕的游动效果。字幕从屏幕右侧之外进入向左移动，并在第0~3秒之间由快到慢，在第3~6秒之间保持均匀的快速移动状态，在第6~10秒之间，由快到慢，移动出屏幕左侧，如图5-37所示。

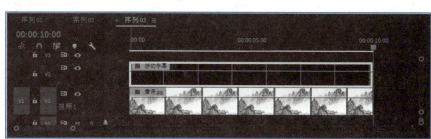

图 5-37　设置变速游动字幕效果

33. 同样，在时间轴中将"游动字幕"的长度拉长或缩短，文字移动的距离不变，而速度相应有所变化，缩短时变快，拉长时变慢。另外在"滚动/游动选项"对话框也可以将字幕类型由默认的"左游动"改为"右游动"，使字幕的移动方向由左向右，不过这样文字出现的方式比较少用。

举一反三

新建一个工程文件，使用本次任务的学习方法，建立滚动字幕和游动字幕，如图5-38所示。（本任务在 Premiere 中制作滚动字幕，使用"区域文字工具"制作静止字幕，使用字幕窗口左上角的"滚动/游动选项"制作滚动字幕，使用"滚动/游动选项"对话框制作变速和游动字幕。）

图 5-38　举一反三——制作滚动字幕和游动字幕

任务三　字幕样式

任务描述

对于字幕中的文字，可以对其进行多种样式的设计制作，建立多种不同的文字效果。可以对其字体、文字大小、填充、描边、阴影等进行不同的设置。其中填充又可以分为多种类型，有单色填充、线性填充、放射渐变、四色渐变、倾斜等填充类型。描边又分为内部轮廓描边和外部轮廓描边，描边类型和描边的填充效果又分为多种类型。通过这些不同的设置，可以将其样式保存下来，在以后的制作中方便地调用。本任务对字幕的填充方式、描边、纹理和阴影等进行介绍。效果如图5-39所示。

知识点：给文字设置不同的样式。

图 5-39　字幕样式实例效果

自己动手

新建工程文件：

1. 同第一单元任务二中的步骤 1 和步骤 2。

2. 输入新建工程文件的名称"字幕样式"。

填充文字样式：

3. 选择菜单"文件"→"新建"→"旧版标题"命令，打开一个"新建字幕"对话框，要求输入字幕名称，这里将其命名为"填充样式 1"，单击"确定"按钮，打开字幕窗口。

4. 从"字幕工具"面板中，选择"文字工具"，在字幕窗口视频区域单击，输入文字"填充样式"。设置字体为微软雅黑，尺寸为 145，加粗，将文字移到屏幕的中部，如图 5-40 所示。

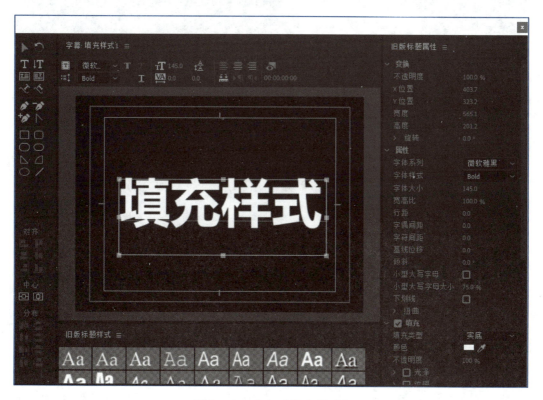

图 5-40　建立"填充样式"

提个醒

　　字幕窗口中的工具栏中有部分常用的工具按钮可以使用快捷键，不过需要在字幕窗口处于激活的状态下使用。例如"垂直文字工具"的快捷键为 C，而在时间轴窗口中操作的"分割工具"快捷键也是 C，此时就要以被激活的窗口为准。即字幕窗口处于打开状态，则激活的是时间轴窗口，按 C 键将会切换到"分割工具"上，而不是"垂直文字工具"。

　　5. 先将字幕窗口的辅助线隐藏。在字幕窗口的左上角，单击"字幕：填充样式 1"右侧扩展按钮，在弹出的菜单中将"安全字幕边距"命令默认状态下的勾选去掉，这样将字幕安全框隐藏，同样选择"安全活动边距"命令，将默认状态下的勾选去掉，将动作安全框隐藏，如图 5-41 所示。

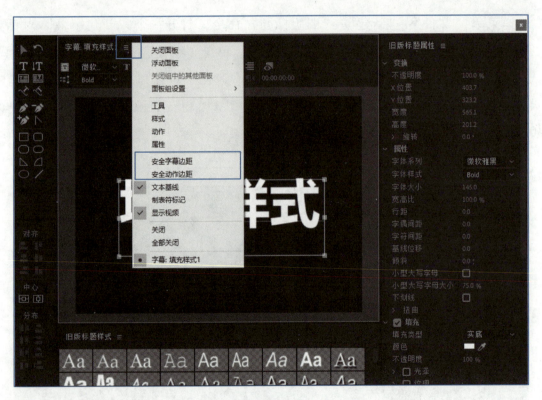

图 5-41　隐藏字幕窗口的辅助线

　　6. 在右侧的字幕属性"填充"下，设置文字填充，填充类型为默认"实底"，单击"颜色"后的"颜色取样"按钮，打开"颜色拾取"对话框，从中选择需要的颜色，单击"确定"按钮应用选择的颜色，如图 5-42 所示。

　　7. 单击字幕窗口左上角的"基于当前字幕新建"按钮 ，打开"新建字幕"对话框，输入字幕名称，这里为"填充样式 2"，单击"确定"按钮。选择填充类型为"线性渐变"，如图 5-43 所示。

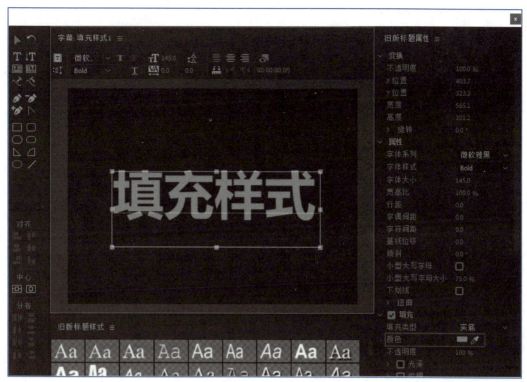

图 5-42 设置填充颜色

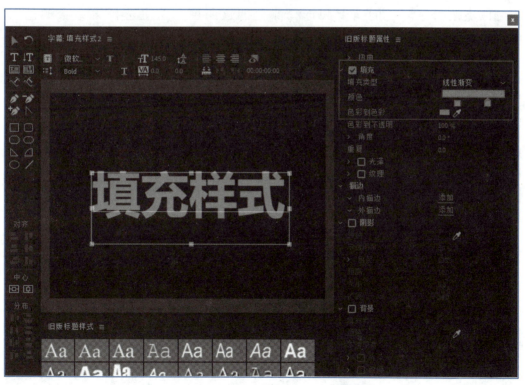

图 5-43 基于当前字幕创建"填充样式 2"

8. 单击选中"线性渐变"下"颜色"后第 2 个颜色取样滑标,然后在"色彩到色彩"后单击"颜色取样"按钮,打开"颜色拾取"对话框,从中选择需要的颜色,单击"确定"按钮,应用选择的颜色,如图 5-44 所示。

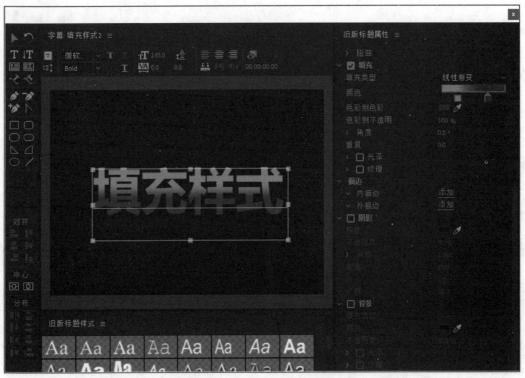

图 5-44　设置线性渐变颜色

9. 还可以更改颜色渐变的角度和选择颜色的透明度，这里选择第 2 个颜色取样滑标，将"色彩到不透明"设置为 60%，将"角度"设置为 45°，如图 5-45 所示。

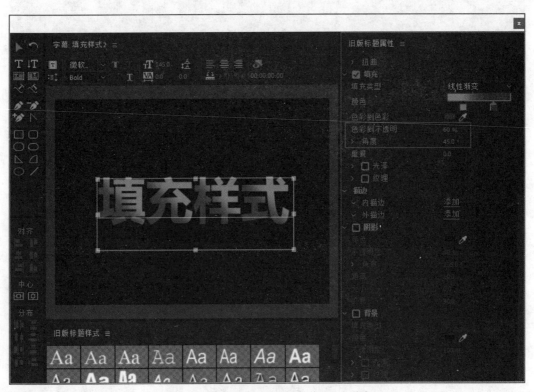

图 5-45　更改渐变颜色角度和透明度

10. 单击字幕窗口左上角的"基于当前字幕新建"按钮 ，打开"新建字幕"对话框，输入字幕名称，这里为"填充样式3"，单击"确定"按钮。选择填充类型为"径向渐变"，如图5-46所示。

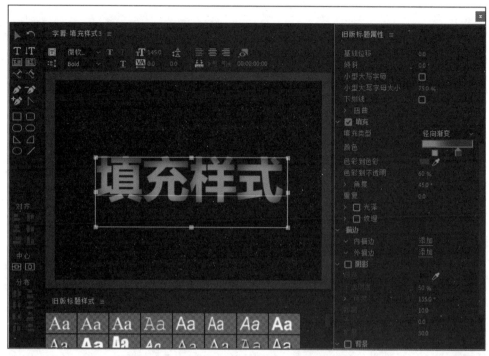

图5-46 基于当前字幕创建"填充样式3"

11. 选中第2个颜色取样滑标，将"色彩到不透明"设置为100%，可以将两个颜色取样滑标进行移动，如图5-47所示。

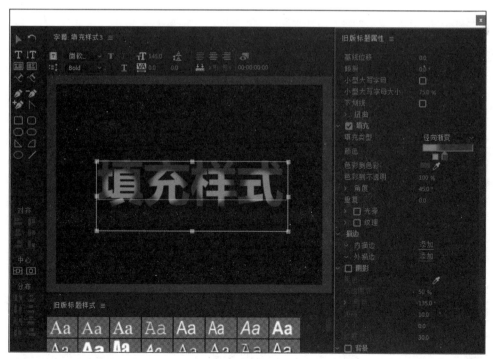

图5-47 设置径向渐变颜色

12. 单击字幕窗口左上角的"基于当前字幕新建"按钮，打开"新建字幕"对话框，输入字幕名称，这里为"填充样式4"，单击"确定"按钮。选择填充类型为"四色渐变"，如图5-48所示。

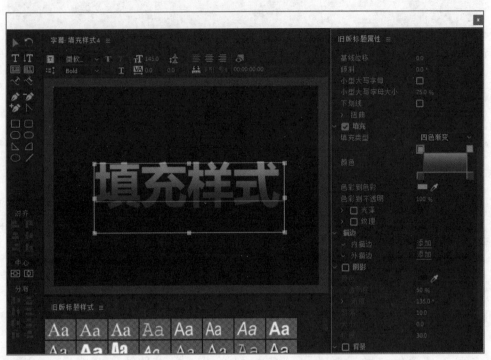

图5-48　基于当前字幕创建"填充样式4"

13. 分别选择四个颜色取样滑标，设置颜色，如图5-49所示。

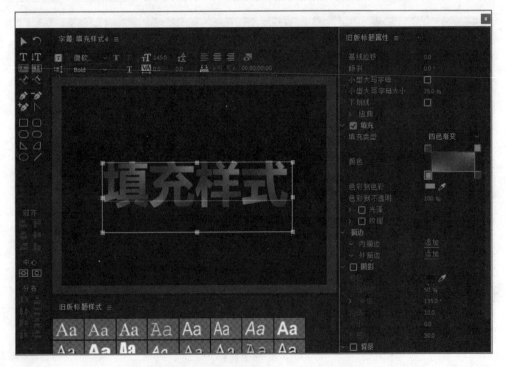

图5-49　设置四色渐变颜色

提个醒

在进行多种颜色设置时，可以双击颜色取样滑标，打开"拾色器"对话框，从中设置需要的颜色，也可以先选中这个滑标，然后在"色彩到色彩"后单击"颜色"按钮，打开"拾色器"对话框设置颜色。

闪光文字样式：

14. 选择菜单"文件"→"新建"→"旧版标题"命令，打开一个"新建字幕"对话框，要求输入字幕名称，这里将其命名为"闪光样式"，单击"确定"按钮，打开字幕窗口。

15. 从"字幕工具"面板中，选择"文字工具"按钮，在字幕窗口视频区域单击，输入文字"闪光样式"。设置字体为微软雅黑，尺寸为145，填充颜色为蓝色，将文字移到屏幕的中部。在右侧的字幕属性"填充"下，单击勾选上"光泽"，会在文字表面出现一道白色闪光，如图5-50所示。

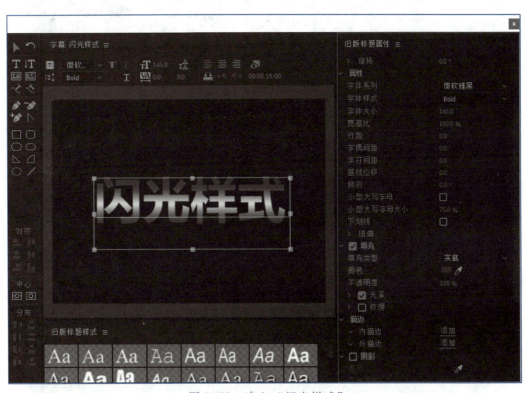

图5-50 建立"闪光样式"

16. 将"光泽"选项下的"大小"设置为100，将"角度"设置为135°，如图5-51所示。

纹理文字样式：

17. 选择菜单"文件"→"新建"→"旧版标题"命令，打开一个"新建字幕"对话框，要求输入字幕名称，这里将其命名为"纹理样式"，单击"确定"按钮，打开字幕窗口。

18. 从"字幕工具"面板中，选择"文字工具"，在字幕窗口视频区域单击，输入文字"纹理样式"。设置字体为微软雅黑，字体大小为145，将文字移到屏幕的中部。在右侧的字幕属性"填充"下，单击勾选上"纹理"，激活参数设置选项，准备添加纹理效果，如图5-52所示。

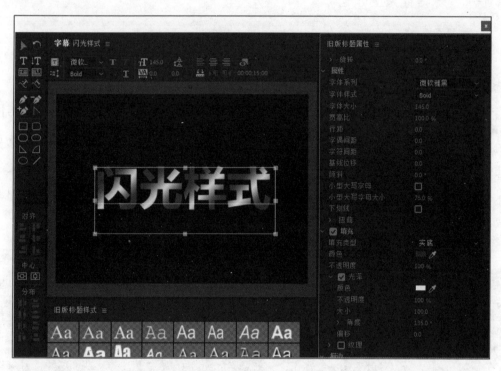

图 5-51 设置闪光效果

图 5-52 建立"纹理样式"

19. 在"纹理"右侧的选择纹理框中单击，打开"选择纹理图像"对话框，从中选择"素材"文件夹，并设置为缩略图显示文件方式，选择文件"纹理.jpg"，单击"打开"按钮，如图5-53所示。

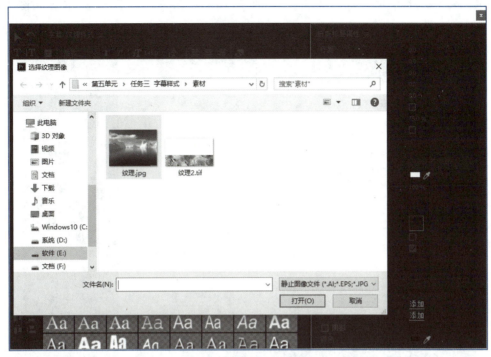

图5-53　选择纹理图像

20. 这样文字被填充上了这个文件图像的纹理，如图5-54所示。

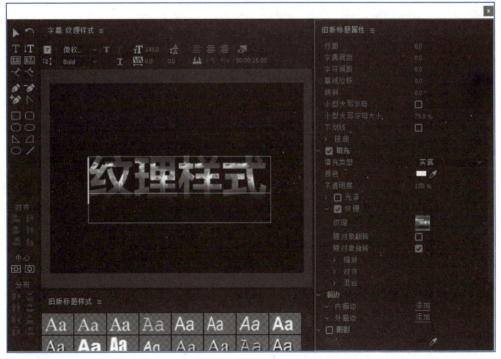

图5-54　应用"纹理.jpg"填充

21. 这个文件的图像比较大，可以直接将文字全部填充，但也有一些图像较小或高宽比例与文字不一致，只能填充文字的一部分，这就需要进行设置，合理填充文字。在"材质"右侧的选择纹理框中单击，打开"选择纹理图像"对话框，从中选择"素材"文件夹，并设置为缩略图显示文件方式，选择文件"纹理2.tif"，单击"打开"按钮，如图5-55所示。

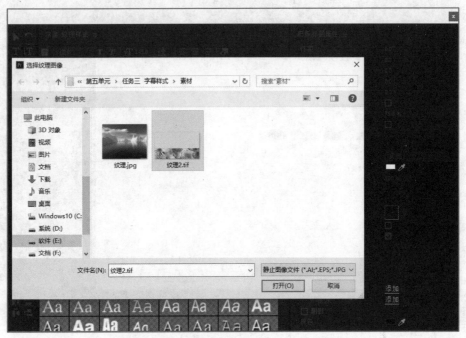

图5-55 选择"纹理2.tif"图像

22. 这样文字被填充上了这个文件图像的纹理，不过效果并不理想，文字只有部分被填充，如图5-56所示。

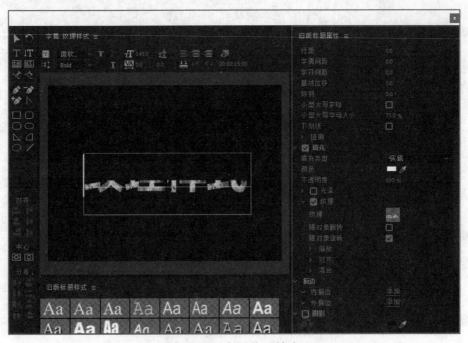

图5-56 应用纹理填充

23. 在"纹理"的"缩放"下将"垂直"设置为300%，将"对齐"下的"规则Y"设置为"底部"，这样整个文字被填充，如图5-57所示。

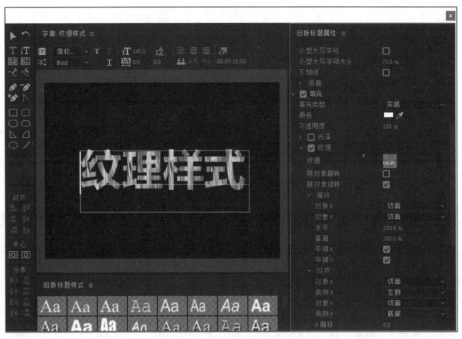

图5-57　缩放纹理图像

24. 更改相应的参数设置，会得到不同的填充效果。如在"缩放"下将"对象X"设置成"纹理"，"垂直"设置为300%，"水平"设置为350%，将"对齐"下的"对象X"和"对象Y"都设置成"面"，并将"X偏移"设置为-150，将"Y偏移"设置为-25，如图5-58所示。

图5-58　设置纹理填充

描边文字样式：

25. 选择菜单"文件"→"新建"→"旧版标题"命令，打开一个"新建字幕"对话框，要求输入字幕名称，这里将其命名为"描边样式"，单击"确定"按钮，打开字幕窗口。

26. 从"字幕工具"面板中，选择"文字工具"，在字幕窗口视频区域单击，输入文字"描边样式"。设置字体为华文宋体，大小为150，颜色设置为黄色，如图5-59所示。

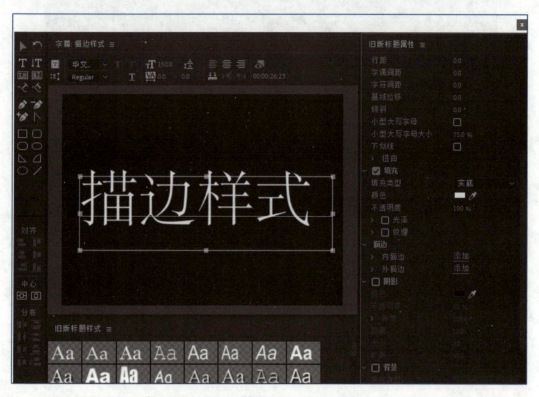

图 5-59 建立"描边样式"

27. 在右侧的字幕属性"描边"下，单击"外描边"后面的"添加"按钮，这样在"外描边"下出现一系列相关参数设置项，首先将其下的"颜色"设置为蓝色，将"大小"设置为20。然后再单击"内描边"后面的"添加"按钮，并使用其默认设置，如图5-60所示。

 提个醒

通常，在屏幕中建立字幕时，如果屏幕中的图像亮度较高、颜色较浅，建立白色的文字或者浅色的文字时，与屏幕中的图像反差不大，不容易看清楚。此时为文字添加一个黑色或其他深色的描边轮廓，就可以与背景图像区别开了，这是使用大多数文字需要描边效果的原因。另外，在一些文字上添加适当的描边效果也可以起到美化作用。

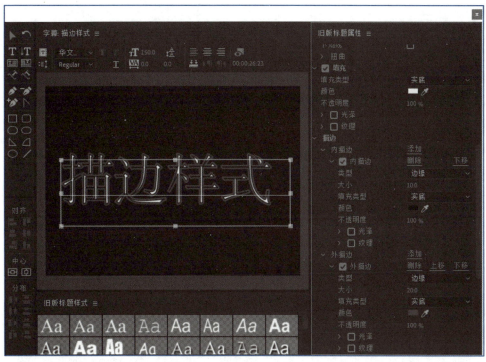

图 5-60　添加内外描边

28. 还可以继续添加"外描边"同时应用多个描边，可以再次单击"外描边"后面的"添加"按钮添加第二个"外描边"，将"大小"设置为20，将"颜色"设置为黄色。

29. 还可以再次添加描边效果，单击"外描边"后面的"添加"按钮添加第三个"外描边"，将"大小"设置为20，将"颜色"设置为蓝色，如图 5-61 所示。

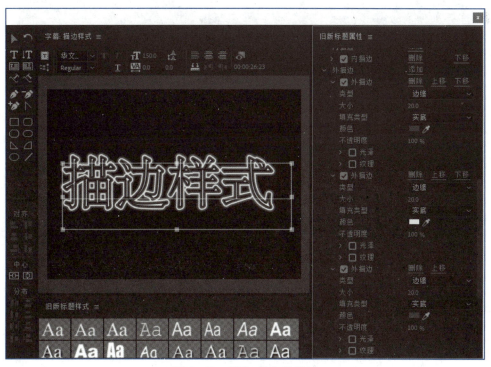

图 5-61　添加多个外描边

阴影文字样式：

30. 选择菜单"文件"→"新建"→"旧版标题"命令，打开一个"新建字幕"对话框，要求输入字幕名称，这里将其命名为"阴影样式"，单击"确定"按钮，打开字幕窗口。

31. 从"字幕工具"面板中，选择"文字工具"，在字幕窗口视频区域单击，输入文字"阴影样式"。设置字体为黑体，大小为150。

32. 单击勾选"阴影"前面的方框，添加阴影效果，由于阴影为黑色，在黑色的背景上无法查看清楚效果，可以单击字幕窗口上方"显示背景视频"按钮，显示透明背景底，如图5-62所示。

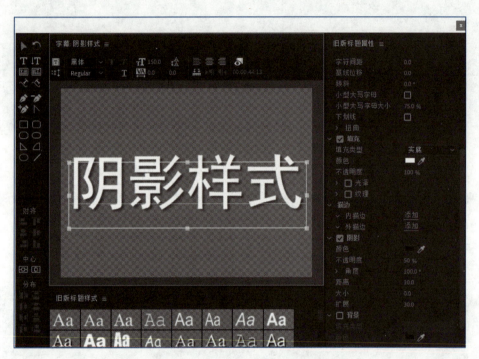

图5-62　建立"阴影样式"

33. 可以调整"阴影"下的"不透明度"来更改阴影的不透明度，设置为100%完全不透明的黑色阴影。"角度"为阴影的投影角度，"距离"为阴影距离，"大小"为阴影比原文字增大的尺寸，"扩展"为阴影扩散的程度，如图5-63所示。

保存文字样式：

34. 选择菜单"文件"→"新建"→"旧版标题"命令，打开一个"新建字幕"对话框，要求输入字幕名称，这里将其命名为"文字样式"，单击"确定"按钮，打开字幕窗口。

35. 从"字幕工具"面板中，选择"文字工具"，在字幕窗口视频区域单击，输入文字"文字样式"。设置字体为黑体，大小为150，单击"描边"下"外描边"后面的"添加"按钮，添加一个默认的黑色描边效果，勾选"阴影"前面的方框，将"不透明度"设置为

75%，将"角度"设置为135°，如图5-64所示。

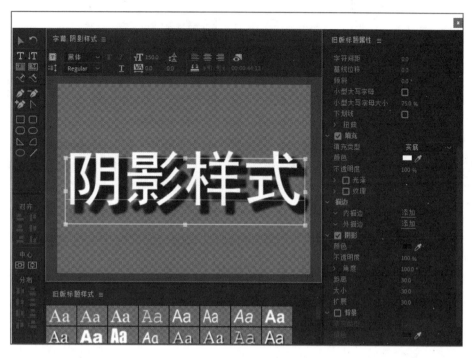

图5-63　设置文字阴影

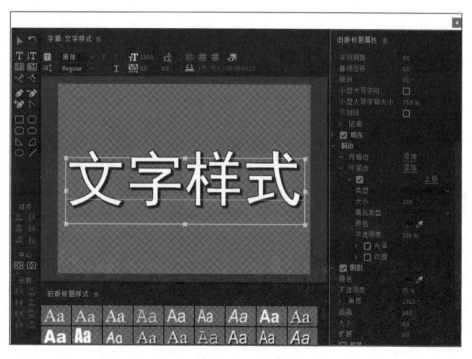

图5-64　建立"文字样式"

36．选中文字，在"旧版标题样式"窗口的右上角单击按钮 ≡ 弹出菜单，选择"新建样式"命令，打开"新建样式"对话框，名称为"黑体 Regular 150"，如图5-65所示。

图 5-65　保存文字为新样式

提个醒

　　虽然设置字幕属性的过程比较简单，但要适当地组合字体、大小、字间距和行间距等参数，获得一个满意的效果，会需要一定的时间，而且可能在以后的制作中也需要设置相同的字幕属性，这时将这个设置好的文字属性保存为文字样式是个很好的习惯，可以方便以后使用。

举一反三

　　新建一个工程文件，使用本次任务的学习方法，建立一个字幕，输入文字，建立多种不同的样式，将其放置到时间线中，产生文字不断变化的效果，如图 5-66 所示。（本任务在 Premiere "旧版标题属性" 面板中进行设置，制作各种字幕样式。）

图 5-66　举一反三——制作多种文字样式变化效果

任务四　绘　制　图　形

任务描述

字幕中不仅可以建立多种效果的文字，还可以绘制一些常用的基本图形，虽然是简单的图形，不过有很多用途。本任务分别介绍简单图形的绘制，制作某一类型的流程图示及绘制立体图示。

使用字幕中的图形工具分别绘制直线、曲线、箭头，几种类型的矩形，以及立体效果的矩形。利用这些基本的图形元素，可以制作一些常用的辅助包装和图示图形。这比在外部平面软件中制作相应的元素再导入 Premiere 更为便利和灵活。效果如图 5-67 所示。

知识点：使用字幕功能绘制图形。

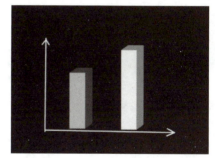 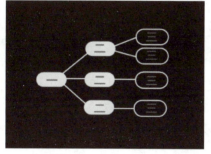 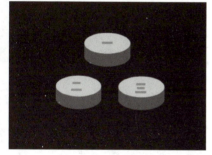

图 5-67　图形的实例效果

自己动手

新建工程文件：

1. 同第一单元任务二中的步骤 1 和步骤 2。

2. 输入新建工程文件的名称"绘制图形"。

绘制简单图形符号：

3. 选择菜单"文件"→"新建"→"旧版标题"命令，打开一个"新建字幕"对话框，要求输入字幕名称，这里将其命名为"图形符号"，单击"确定"按钮，打开字幕窗口。

4. 从"字幕工具"面板中选择"直线工具" ▧，在字幕窗口视频区域中单击并拖动，这样可以绘制一条直线，配合 Shift 键拖动时，可以将直线约束在水平、垂直或与水平 45°方向。可以在"旧版标题属性"面板中设置其填充的颜色，如图 5-68 所示。

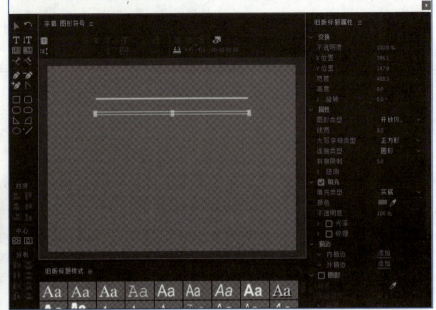

图 5-68　建立"图形符号"并绘制直线

提个醒

　　在使用绘图工具绘制图形时，或者用选择工具重新调整图形的形状时，如果按住 Shift 键，将保持图形高度和宽度的比例不变。如果按住 Alt 键，则是从对象的中心开始向外创建对象。对于一些角度调整，按住 Shift 键的同时，还可以将角度约束在 45°的倍数上。有些时候也可以同时按住 Shift 键和 Alt 键以达到所要的效果，如绘制一个以鼠标落点为中心的圆形。

　　5. 从"字幕工具"面板中选择"钢笔工具"，在字幕窗口视频区域中单击，可以建立一个开始点，再继续单击建立多个点，可以在这多个点之间建立曲线。绘制完毕后从"字幕工具"面板中选择"转换定位点工具"，在曲线点上拖曳，可以拉出锚点控制曲线，将曲线上的尖角变成圆角。还可以选择按钮或，在曲线上添加新的锚点或删除曲线上的点，如图 5-69 所示。

　　6. 可以利用"直线工具"和"钢笔工具"绘制一个线条的箭头，也可以利用"楔形工具"按钮绘制一个填充颜色的实心箭头，其中需要用两个楔形图形合并在一起组成箭头，如图 5-70 所示。

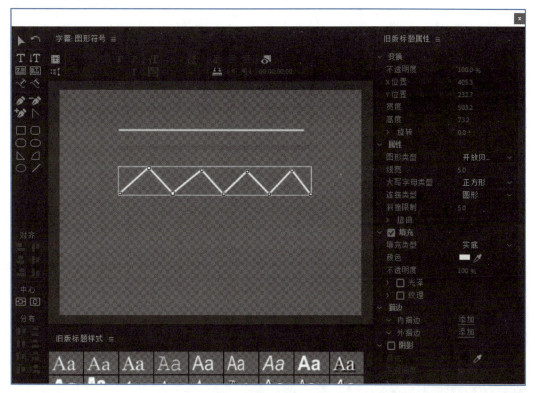

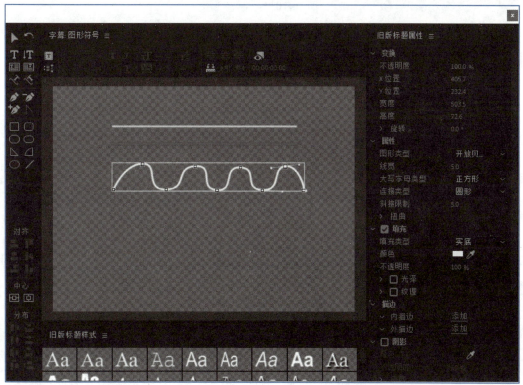

图 5-69 绘制曲线

绘制流程图：

7. 选择菜单"文件"→"新建"→"旧版标题"命令，打开一个"新建字幕"对话框，要求输入字幕名称，这里将其命名为"流程图"，单击"确定"按钮，打开字幕窗口。

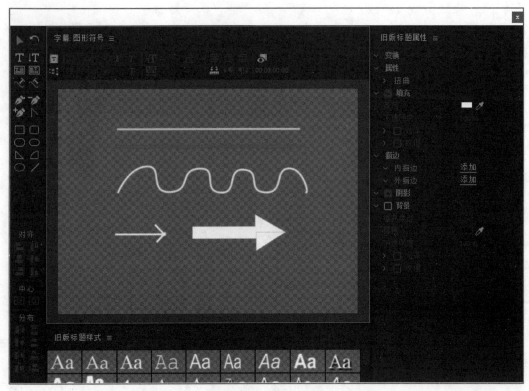

图 5-70　绘制箭头

8. 从"字幕工具"面板中选择按钮 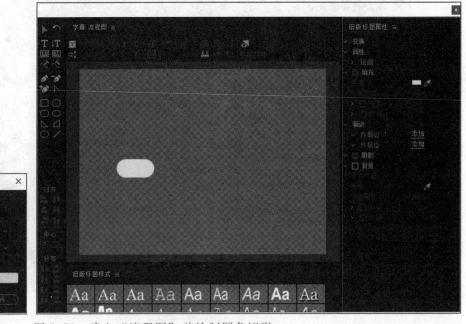，在字幕窗口视频区域中单击并拖动，这样可以绘制一个圆角矩形，可在"旧版标题属性"面板中设置其填充的颜色，如图 5-71 所示。

图 5-71　建立"流程图"并绘制圆角矩形

9. 选中这个圆角矩形，按快捷键 Ctrl+C 复制，再按快捷键 Ctrl+V 粘贴，并将新产生的圆角矩形移动到合适的位置，更改其大小和颜色，也可以取消填充而应用描边效果。同样可以复制产生多个图形。再选择按钮／建立图形之间的连线，如图 5-72 所示。

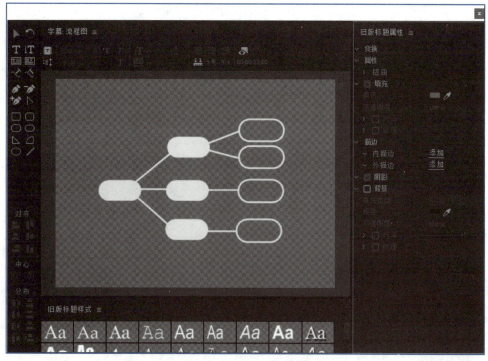

图 5-72　绘制流程图

10. 可以添加需要的文字，设置合适的字体、大小和颜色，放置在图形之上，如图 5-73 所示。

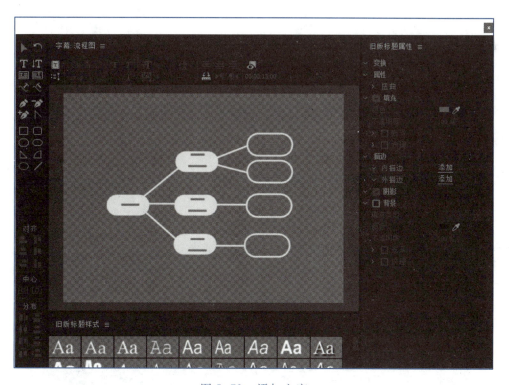

图 5-73　添加文字

绘制图表：

11. 选择菜单"文件"→"新建"→"旧版标题"命令，打开一个"新建字幕"对话框，要求输入字幕名称，这里将其命名为"图表"，单击"确定"按钮，打开字幕窗口。

12. 先绘制一个坐标轴线。从"字幕工具"面板中选择按钮$\diagup$，在字幕窗口视频区域中单击并拖动，绘制一条水平线段，然后在左部再绘制一条垂直线段。选择按钮$\nwarrow$在水平线段的右端和垂直线段的顶端各绘制一个箭头，如图5-74所示。

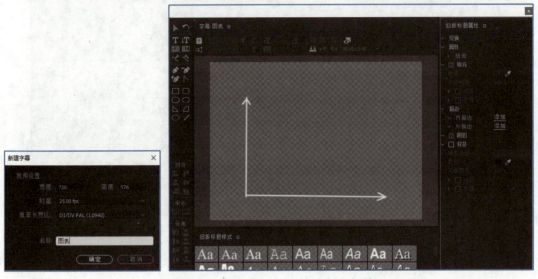

图5-74　建立"图表"并绘制坐标线

13. 从"字幕工具"面板中选择按钮$\square$，在字幕窗口视频区域中单击并拖动，绘制一个矩形，可在"旧版标题属性"面板中设置其填充的颜色，这里将其填充为浅绿色，如图5-75所示。

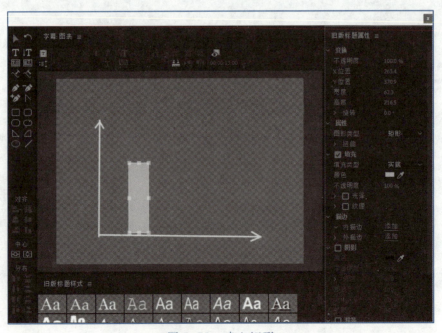

图5-75　建立矩形

14. 选中矩形，按快捷键 Ctrl+C 复制，再按快捷键 Ctrl+V 粘贴，并移动到其右侧，更改设置颜色和高度。这样制作一个新的矩形，如图 5-76 所示。

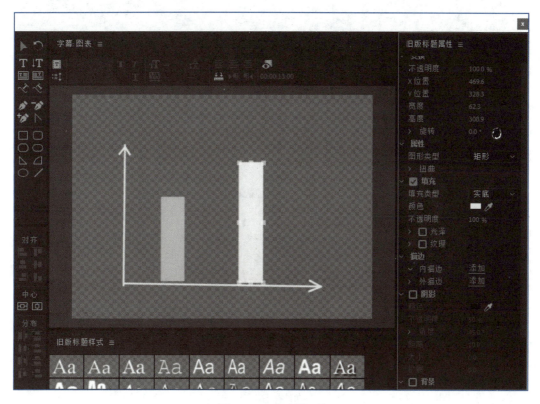

图 5-76 复制矩形

📖 小知识

在移动图形时，使用鼠标进行移动时位置不太精确，可以使用键盘中的 4 个上、下、左、右方向键来精确移动。每按一下移动 1 个单位，配合 Shift 键每按一下则移动 5 个单位。因此，配合 Shift 键进行移动操作将会更加精确和快捷。

15. 可以为这两个矩形添加立体的效果。选中第一个矩形，展开其右侧"旧版标题属性"面板中的"描边"，在其下的"外描边"后单击"添加"按钮，为其添加一个"外描边"，将类型设为"深度"，大小设为 35，角度设为 325°，颜色设为深绿色。这样第一个矩形出现立方体效果。

16. 将第二个矩形也添加一个深色的"外描边"，制作出立体的柱状图表，如图 5-77 所示。

绘制立体图示：

17. 选择菜单"文件"→"新建"→"旧版标题"命令，打开一个"新建字幕"对话框，要求输入字幕名称，这里将其命名为"图示"，单击"确定"按钮，打开字幕窗口。

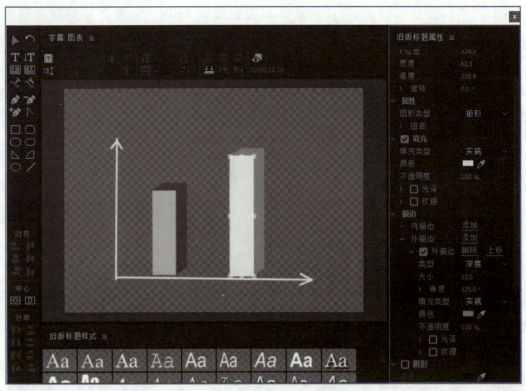

图 5-77　设置立方体效果

18. 从"字幕工具"面板中选择按钮 ◯，在字幕窗口视频区域中单击并拖动，绘制一个椭圆形，并设置其填充颜色为浅绿色，如图 5-78 所示。

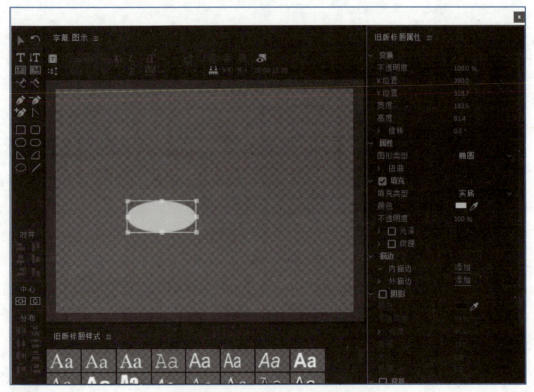

图 5-78　建立"图示"并绘制椭圆

19. 展开其右侧"旧版标题属性"面板中的"描边"，在其下的"外描边"后单击"添加"按钮为其添加一个"外描边"，将类型设为"深度"，大小设为 50，角度设为 90°，颜色设为深绿色，这样制作其立体效果，如图 5-79 所示。

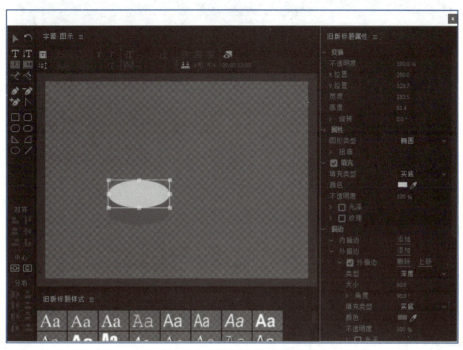

图 5-79 设置立体椭圆形

20. 选中椭圆形，按快捷键 Ctrl+C 复制，再按快捷键 Ctrl+V 粘贴，这样再复制两个新的椭圆形，并将其移至合适的位置，如图 5-80 所示。

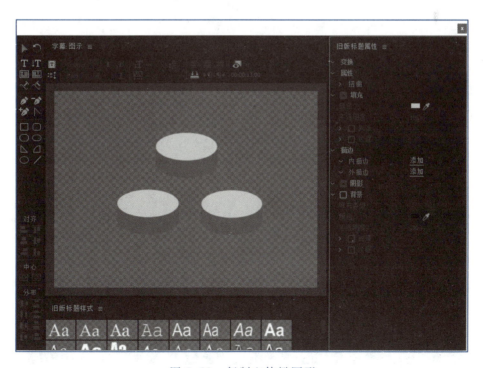

图 5-80 复制立体椭圆形

21. 再制作文字，设置合适的字体和大小，放置在图形上，如图 5-81 所示。

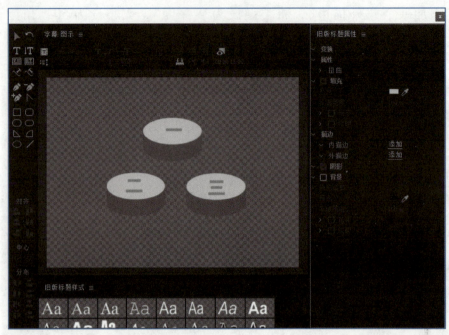

图 5-81　添加文字

 举一反三

　　新建一个工程文件，使用本次任务的学习方法，建立一个表格字幕，如图 5-82 所示。（本任务使用 Premiere 字幕工具进行绘制，并在"旧版标题属性"面板中对绘制的图形进行调整。）

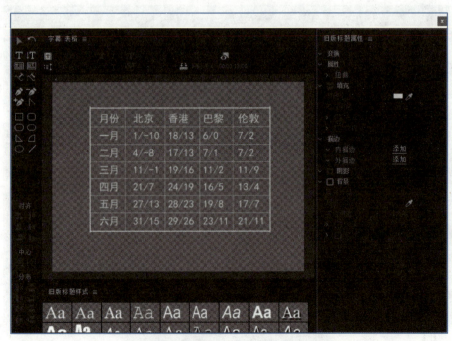

图 5-82　举一反三——制作表格字幕

精彩视频实例

综合应用 Premiere 软件视频与音频的编辑处理功能，可以制作出丰富多彩的音视频效果。本单元将使用前面讲解过的知识点和操作技术来制作精彩的视频实例。

任 务 一　倒 计 时 器

 任务描述

倒计时器在视频制作中经常使用，Premiere 软件自身也提供了一个倒计时短片，但是画面有些单调，缺乏吸引力。本任务主要利用字幕功能和转场效果来制作倒计时效果，实例效果如图 6-1 所示。

  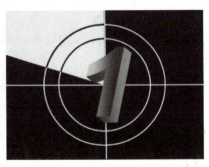

图 6-1　倒计时器的实例效果

知识点：使用"时钟式擦除"转场制作倒计时短片。

 自己动手

新建工程文件：

1. 同第一单元任务二的步骤 1 和步骤 2。

2. 输入新建工程文件的名称"倒计时器"。

建立黑白背景：

3. 选择菜单"编辑"→"首选项"→"时间轴"命令，打开"首选项"对话框，将其中的"视频过渡默认持续时间"修改为 25 帧（1 秒），同样将"静止图像默认持续时间"修改为 25 帧（1 秒），然后单击"确定"按钮，如图 6-2 所示。

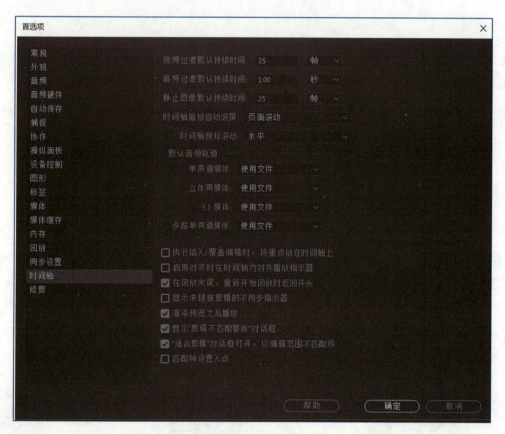

图 6-2　设置转场和图片长度

4. 选择菜单"文件"→"新建"→"旧版标题"命令，打开一个"新建字幕"对话框，要求输入字幕名称，这里将其命名为"白色背景"，单击"确定"按钮，打开字幕窗口。

5. 从"字幕工具"面板中选择按钮 ⬭，配合 Shift 键绘制一个正圆形，取消颜色填充，边线设置为黑色。将正圆形复制，并适当缩小，将两个圆形居中放置。

6. 从"字幕工具"面板中选择按钮 ／，配合 Shift 键绘制一条水平线段和一条垂直线段，颜色设置为黑色，如图 6-3 所示。

7. 从"字幕工具"面板中选择按钮 ▢，绘制一个矩形，大小充满屏幕，将填充颜色设置为白色。然后选择菜单"图形"→"排列"→"移到最后"命令，将矩形设置在最后，作为圆形和直线的底色，如图 6-4 所示。

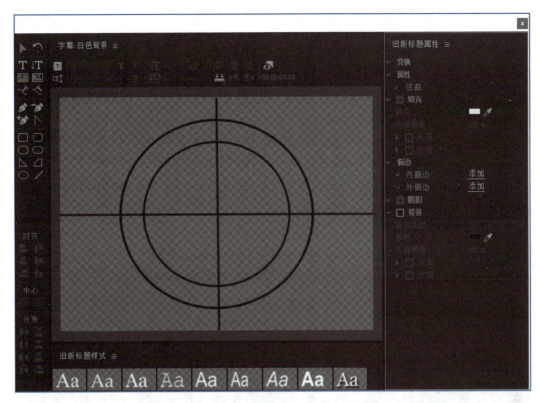

图 6-3　绘制圆形和直线段

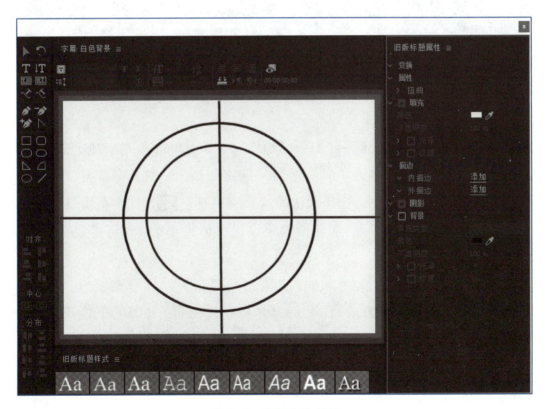

图 6-4　设置白色背景

8. 单击字幕窗口左上角的"基于当前字幕新建"按钮，打开"新建字幕"对话框，输入字幕名称，这里为"黑色背景"，单击"确定"按钮。在字幕窗口中，将圆形的边线颜色设置为白色，将直线段的颜色设置为白色，将底部矩形填充颜色设置为黑色。这样与"白色背景"相反，如图6-5所示。

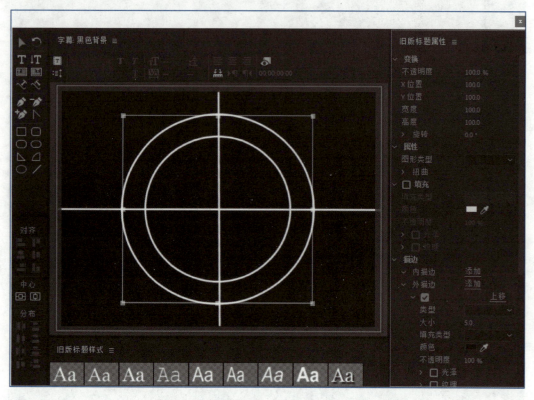

图6-5 基于当前字幕设置黑色背景

建立数字：

9. 选择菜单"文件"→"新建"→"旧版标题"命令，打开一个"新建字幕"对话框，要求输入字幕名称，这里将其命名为"5"，单击"确定"按钮，打开字幕窗口。

10. 从"字幕工具"面板中，选择默认的"文字工具" **T**，在字幕窗口视频区域单击，输入数字"5"，设置字体为Arial，加粗倾斜，设置字体大小为350，将数字居中放置，如图6-6所示。

11. 为数字"5"设置渐变颜色，选择"填充类型"为"四色渐变"，设置颜色如下：左上角为（R:240；G:240；B:20），右上角为（R:40；G:40；B:250），左下角为（R:240；G:160；B:20），右下角为（R:20；G:20；B:150）。

12. 设置数字立体效果。展开属性的"描边"，单击"外描边"后面的"添加"按钮，添加一个"外描边"，将其"类型"设置为"深度"，"大小"为40，"角度"为40°，"填充类型"为"线性渐变"，设置左侧颜色为（R:240；G:160；B:20），右侧颜色为（R:40；G:40；B:250），"角度"为90°，如图6-7所示。

图6-6　建立字幕"5"

🔔 **提个醒**

　　为文字添加"外描边"外轮廓描边效果，并将其类型设置为"深度"，可以制作出文字的立体效果。

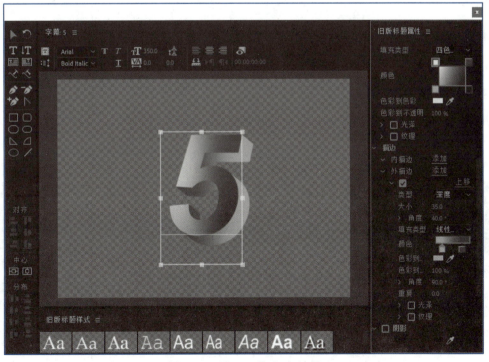

图6-7　设置立体文字效果

13. 制作完第一个数字后，其他数字在此基础上进行制作。单击字幕窗口左上角的"基于当前字幕新建"按钮 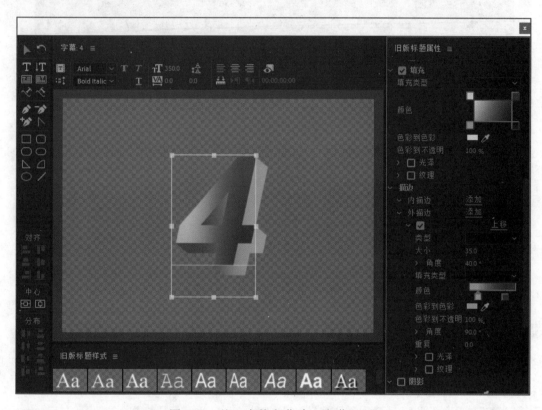，打开"新建字幕"对话框，输入字幕名称，这里为"4"，单击"确定"按钮。将字幕窗口中原来的"5"更改为"4"，如图6-8所示。

图6-8　基于当前字幕建立字幕"4"

14. 用同样的方法建立字幕"3""2""1"，在项目窗口中可以看到这些素材时间都为1秒。

添加转场效果：

15. 从项目窗口中，将"白色背景"拖至时间轴的V1轨道中，将"黑色背景"拖至时间线的V2轨道中，将"5"拖至时间线的V3轨道中，如图6-9所示。

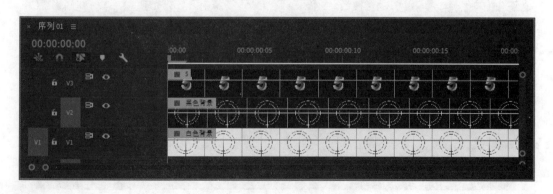

图6-9　放置字幕到时间线

16. 打开"效果"窗口，展开"视频过渡"下的"擦除"，选择"时钟式擦除"，将其拖至 V2 轨道中的"黑色背景"上，为其添加一个"时钟式擦除"转场，如图 6-10 所示。

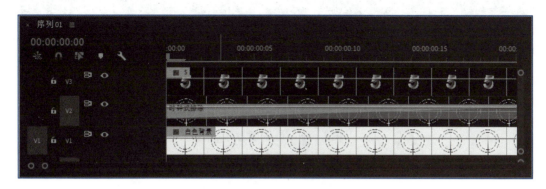

图 6-10　添加"时钟式擦除"转场

17. 预览转场效果，如图 6-11 所示。

图 6-11　转场效果

制作其他倒计时数字：

18. 选择 V1 轨道中的"白色背景"和 V2 轨道中的"黑色背景"，按快捷键 Ctrl+C 进行复制，然后按 End 键将时间线移至尾部并按快捷键 Ctrl+V 进行粘贴，如图 6-12 所示。

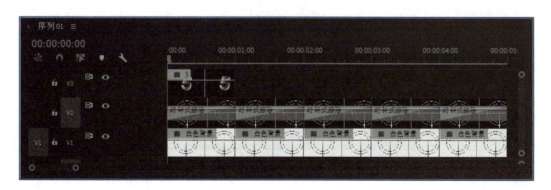

图 6-12　复制背景图形字幕

19. 从项目窗口中将其他几个数字依次放置到 V3 轨道中的后面，完成倒计时的制作，如图 6-13 所示。

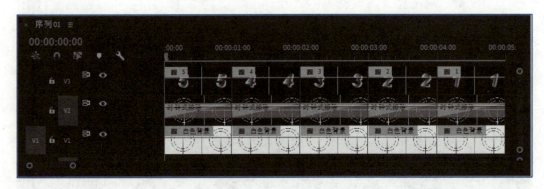

图 6-13　设置倒数字幕

举一反三

　　新建一个工程文件，选择菜单"文件"→"新建"→"通用倒计时片头"命令，建立一个倒计时，如图 6-14 所示。（本任务使用 Premiere 字幕工具绘制数字，应用"效果"窗口中"视频过渡"→"擦除"→"时钟式擦除"命令设置倒计时效果。）

图 6-14　举一反三——建立倒计时

任务二　VR 视频

任务描述

　　由于虚拟现实技术的爆发，越来越多人开始参与到 VR 视频的制作，VR 视频近年来成为应用广泛的视频种类，本任务对 VR 视频制作过程进行讲解。

　　在本任务中，学习使用 Premiere 对导入的全景图片进行视频编辑并输出，效果如图 6-15所示。

图 6-15　VR 视频效果

知识点：使用 Premiere 的 VR 功能制作 VR 视频。

自己动手

新建工程文件：

1. 同第一单元任务二的步骤 1 和步骤 2。

2. 输入新建工程文件的名称"VR 全景"。

导入素材：

3. 选择菜单"编辑"→"首选项"→"时间轴"命令，打开"首选项"对话框，将"静止图像默认持续时间"修改为 150 帧（6 秒），然后单击"确定"按钮，如图 6-16 所示。

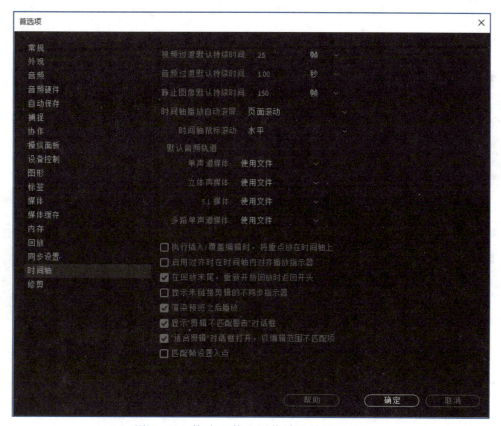

图 6-16　修改"静止图像默认持续时间"

4. 选择菜单"文件"→"导入"命令导入素材，在弹出的"导入"对话框中，从"素材"文件夹下选择"山脉.jpg"文件，将其导入到项目窗口，如图 6-17 所示。

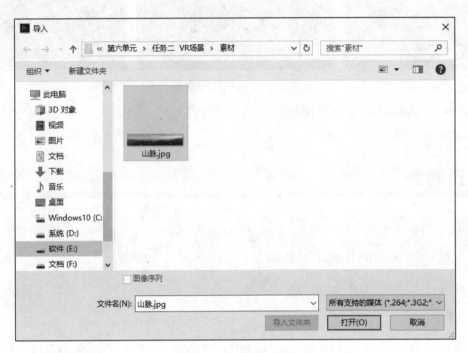

图 6-17 导入素材

5. 从项目窗口中，将素材拖入时间轴的 V1 轨道，可以看到素材为一张全景图片，且持续时间为 6 秒，如图 6-18 所示。

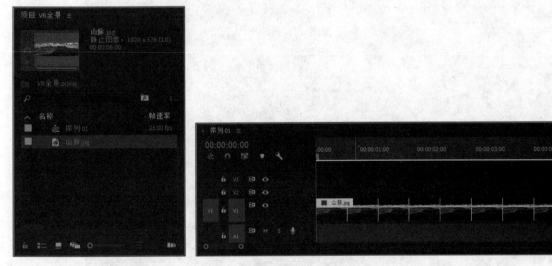

图 6-18 将素材拖入时间线

6. 在节目监视器面板中观察素材的显示，由于素材为全景图，尺寸过大，在节目监视器中显示不全，如图 6-19 所示。

图 6-19　素材在节目监视器中不完全显示

设置序列的 VR 属性：

7. 选择菜单"序列"→"序列设置"命令，在弹出的"序列设置"对话框中，在"VR属性"栏内的"投影"选项后的下拉菜单中选择"球面投影"，打开序列的 VR 属性，如图 6-20 所示。

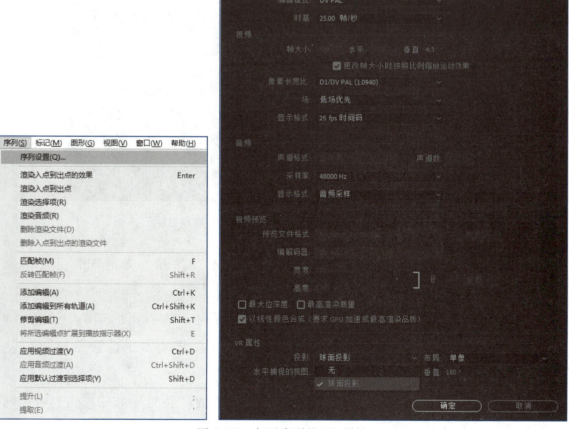

图 6-20　打开序列的 VR 属性

8. 选择节目监视器面板，单击右下角"按钮编辑器"按钮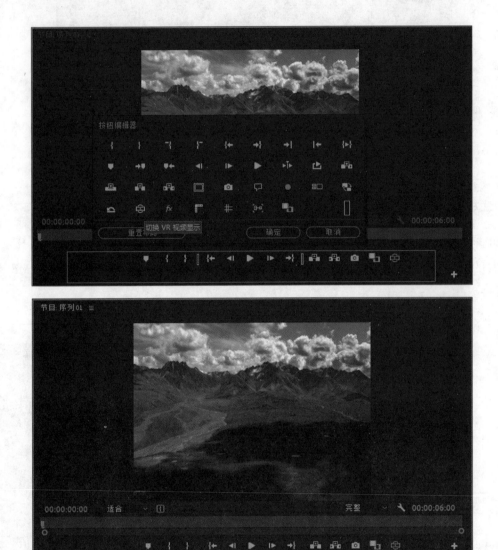，在弹出的面板中拖动"切换 VR 视频显示"按钮 到控制栏，为节目监视器面板添加"切换 VR 视频显示"按钮，如图 6-21 所示。

图 6-21　为节目监视器面板添加"切换 VR 视频显示"按钮

9. 在节目监视器面板中单击"切换 VR 视频显示"按钮，激活 VR 视频显示，如图 6-22 所示。

10. 为了更好地观察画面，在节目监视器的画面中右击，在弹出的菜单中选择"VR 视频"→"设置"命令，在弹出的"VR 视频设置"面板中，将"水平监视器视图"设置为180，可以看到节目监视器的画面扩大了，如图 6-23 所示。

11. 此时可以用鼠标在画面上拖动或者单击画面下方的"拨盘"按钮 进行 VR 画面预览，如图 6-24 所示。

图 6-22　添加 V2 轨道"键控"效果

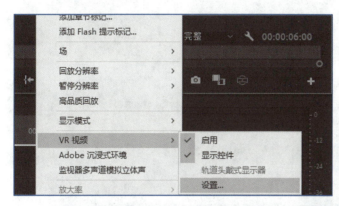

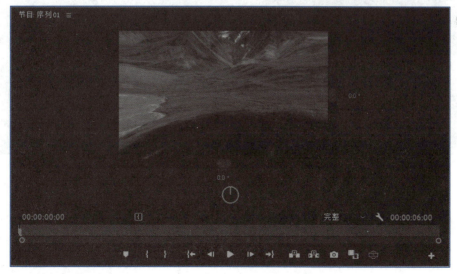

图 6-23　设置 VR 视频显示

导出 VR 视频：

12. 选择菜单"文件"→"导出"→"媒体"命令导出序列（快捷键 Ctrl+M），在弹出的"导出设置"对话框中，将"导出设置"栏下的格式设置为 H.264，单击"输出名称"后的默认序列名称，在弹出的对话框中进行输出的名称和位置设置，将输出的视频命名为"VR全景"，在"视频"选项下，将"VR视频"栏下的"视频为VR"勾选，单击"导出"按钮输出视频，如图6-25所示。

图6-24 预览VR视频显示效果

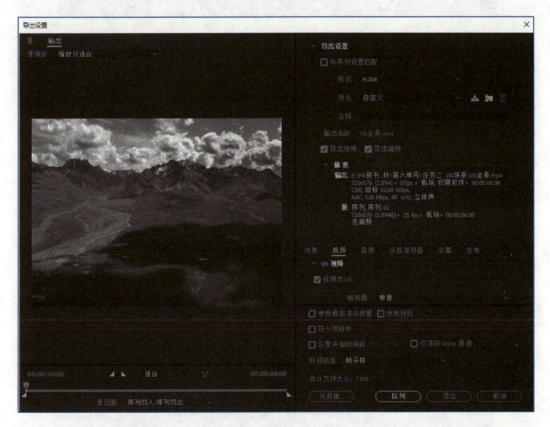

图6-25 导出VR视频

举一反三

新建一个工程文件，使用本任务的方法，制作VR视频动画效果，如图6-26所示。（本任务使用Premiere制作VR视频动画，应用"序列"→"序列设置"命令，设置序列的VR属性，选取节目监视器窗口添加"切换VR视频显示"按钮，激活VR视频显示，使用"VR视频"→"设置"命令，设置节目监视器中VR视频的显示。）

图 6-26　举一反三——制作 VR 视频动画

任务三　文字雨幕

 任务描述

本任务制作绿色文字雨幕的效果，如图 6-27 所示。在字幕中按文字雨的形式先制作上滚的字幕，然后在时间线中将其倒放，并添加"残影"效果和"Alpha 发光"效果。

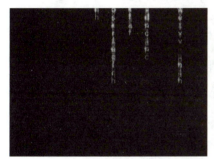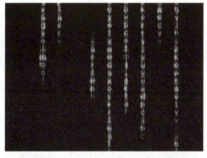

图 6-27　文字雨幕的实例效果

知识点：使用倒放、滤镜制作文字雨效果。

 自己动手

新建工程文件：

1. 同第一单元任务二的步骤 1 和步骤 2。

2. 输入新建工程文件的名称"文字雨幕"。

建立滚动字幕：

3. 选择菜单"文件"→"新建"→"旧版标题"命令，打开一个"新建字幕"对话框，要求输入字幕名称，这里将其命名为"文字雨"，单击"确定"按钮，打开字幕窗口。

4. 从上面的工具栏中选择 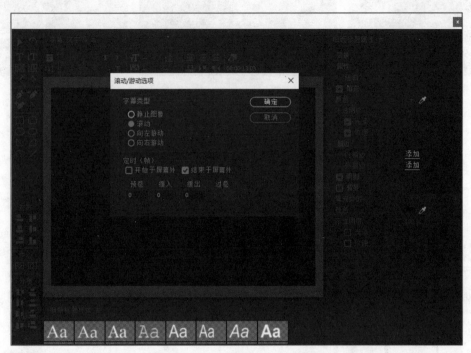 按钮，打开"滚动/游动选项"对话框，"字幕类型"选择"滚动"，"定时（帧）"选择"结束于屏幕外"，单击"确定"按钮，如图6-28所示。

图6-28 建立"文字雨"字幕

5. 从左侧的工具栏中选择"垂直区域文字工具" 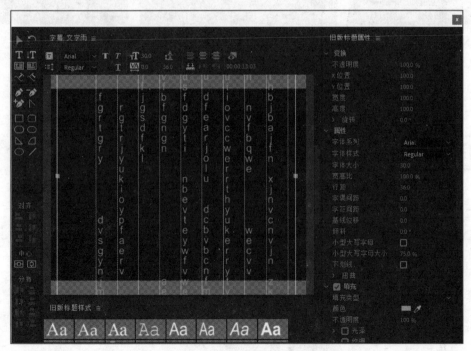，在字幕窗口中绘制一个大的文本框，随机输入字母，设置适当的字体、大小、行间距和字间距。这里字体系列为 Arial，字体大小为30，行距为36。建立10列文字，在每列文字的下部按 Enter 键换行，每列文字的长度各不相同，如图6-29所示。

图6-29 建立字母文本

6. 将其中一列制作长一些，将文字框的高度拉长到刚好将最长的一列文字完全显示，如图 6-30 所示。

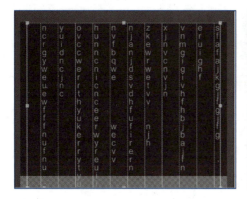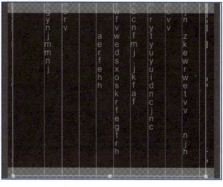

图 6-30　调整文字框

制作文字雨效果：

7. 从项目窗口中将"文字雨"拖至时间轴中，将长度设置为 10 秒，如图 6-31 所示。

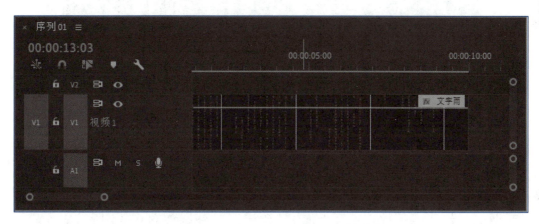

图 6-31　字幕放置到时间线

8. 打开"效果"窗口，展开"视频效果"下的"时间"，将"残影"拖至时间轴中的"文字雨"上，如图 6-32 所示。

图 6-32　添加"残影"

小知识

"时间"效果主要是通过对素材从时间轴的角度进行处理，生成某种特殊效果。其中包含两种不同的效果。

① "残影"：将素材片段中不同时刻的帧进行混合，以产生类似拖影的效果。

② "抽帧时间"：将视频素材锁定为特定的帧速率，以跳帧播放产生动画效果，能够生成抽帧（木偶）的效果。

9. 在"效果控件"窗口中，对"残影"进行设置。将"残影时间"设置为0.1，将"残影数量"设置为5，将"衰减"设置为0.7。可以看到字母都出现一串拖尾效果，如图6-33所示。

图6-33 设置"残影"

10. 单击项目窗口中的"新建"按钮，生成序列02，在项目窗口中选择序列01放置到序列02的V1轨道中，选择菜单"剪辑"→"速度/持续时间"命令，打开"剪辑速度/持续时间"对话框，勾选"倒放速度"，单击"确定"按钮，如图6-34所示。

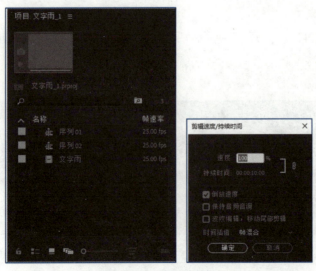

图6-34 设置倒放

11. 这样将向上滚动的字幕进行倒放，实现字母下落的拖尾效果，如图 6-35 所示。

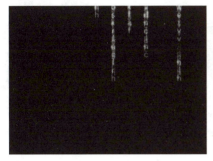 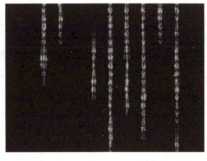 

图 6-35　倒放效果

12. 打开"效果"窗口，展开"视频效果"下的"风格化"，将"Alpha 发光"拖至时间轴中的 V1 轨道上，如图 6-36 所示。

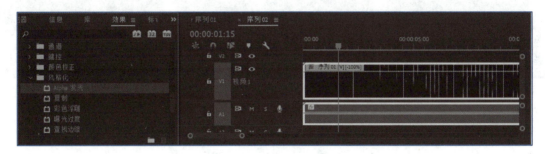

图 6-36　添加"Alpha 发光"

13. 在"效果控件"窗口中，对"Alpha 发光"进行设置。将"发光"设置为 8，将"起始颜色"设置为白色，将"结束颜色"设置为黑色。可以看到下落的字母都出现了叠加的辉光效果，如图 6-37 所示。

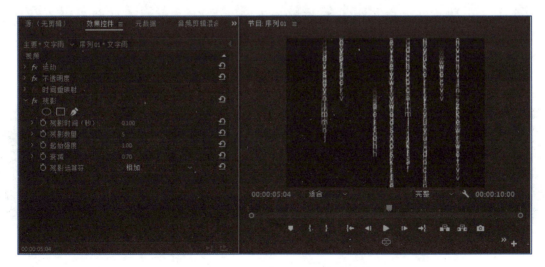

图 6-37　设置"Alpha 发光"

举一反三

新建一个工程文件，建立文字的上滚字幕，使用本任务的方法，制作文字的文字雨效果，如图6-38所示。（本任务应用Premiere制作文字雨效果，使用字幕工具绘制文字，单击"效果"窗口中"视频效果"→"时间"→"残影"命令，为文字添加重影效果，单击"剪辑"→"速度/持续时间"，勾选"倒放速度"修改文字下落方向，单击"效果"窗口中"视频效果"，单击"风格化"→"Alpha发光"命令为下落文字添加辉光效果。）

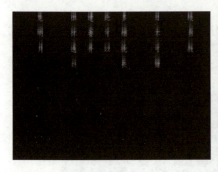 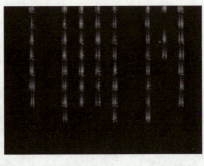 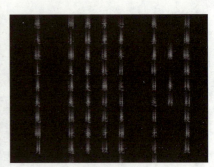

图6-38 举一反三——制作文字雨效果

任务四 眼中世界

任务描述

近几年来自媒体蓬勃发展，很多视频制作者热衷于使用视频软件制作风格独特的小视频，本次任务使用Premiere软件通过对素材的剪辑编辑，利用软件的强大功能制作一段炫目有趣的小视频，效果如图6-39所示。

 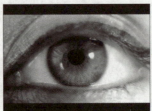 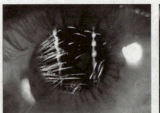 

图6-39 眼中世界的实例效果

知识点：综合使用"添加帧定格"命令、绘制不透明度蒙版等命令制作炫目视频。

新建工程文件

1. 同第一单元任务二中的步骤 1 和步骤 2。

2. 输入新建工程文件的名称"眼中世界"。

建立文本字幕：

3. 选择菜单"文件"→"导入"命令导入素材，在弹出的"导入"对话框中，从"素材"文件夹下选择 3 个文件"伴奏.mp3""素材 1.mp4""眼睛.mp4"，将其导入到项目窗口，可以看到"素材 1.mp4"为带音频素材，"眼睛.mp4"为无音频素材，如图 6-40 所示。

图 6-40　导入素材

4. 从项目面板中，用鼠标将"眼睛.mp4"拖动到时间轴的 V2 轨道中，将"伴奏.mp3"拖动至 A1 轨道中，如图 6-41 所示。

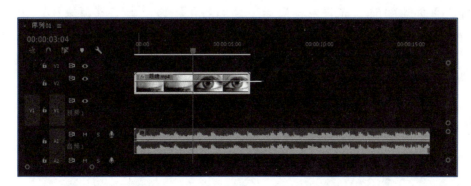

图 6-41　将素材拖动至时间轴面板

为素材"眼睛.mp4"设置蒙版：

5. 用鼠标在时间轴 V2 轨道中选择素材"眼睛.mp4"，在"效果控件"面板中，将缩放设置为 43，在时间轴面板，拖动时间指针对素材"眼睛.mp4"进行预览，可以看到这是一段睁闭眼睛的视频素材，将时间指针拖动至第 3 秒 04 帧，在节目面板中可以看到画面中眼睛睁到最大，如图 6-42 所示。

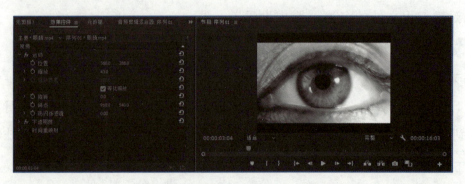

图 6-42　设置"眼睛.mp4"缩放值

6. 用鼠标在时间轴的 V2 轨道中选择素材"眼睛.mp4"，然后右击，在弹出的菜单中选择"添加帧定格"命令，为 V2 轨道上的素材"眼睛.mp4"添加帧定格效果，如图 6-43 所示。

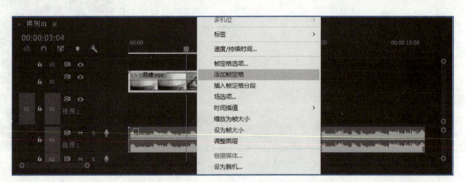

图 6-43　选择"添加帧定格"命令

7. 可以看到 V2 轨道上的素材"眼睛.mp4"在第 3 秒 04 帧时被切割成两部分，后半部分为帧定格部分，是创建的前半部分视频最后一帧的静止图像，直至素材末尾，如图 6-44 所示。

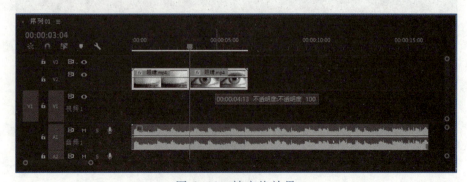

图 6-44　帧定格效果

添加帧定格的方法：

将播放指示器置于需要捕捉的帧处。

选择"剪辑"→"视频选项"→"添加帧定格"命令。或者使用键盘快捷键 Ctrl＋Shift＋K。

此时将在时间轴中创建播放指示器当前位置的静止图像。添加到时间轴的静止图像看起来就像原始剪辑的前一部分，名称或颜色上没有任何变化。

8. 在 V2 轨道中，用鼠标点选帧定格部分，在"效果控件"窗口展开"不透明度"选项，单击"创建椭圆形蒙版"按钮 ◯，在节目监视器中为帧定格部分添加一个椭圆形蒙版，如图 6-45 所示。

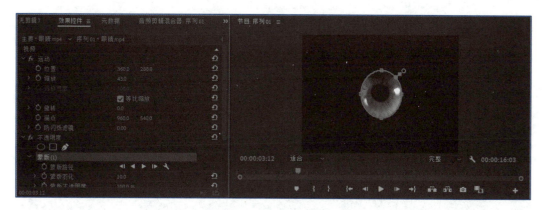

图 6-45　添加椭圆形蒙版

9. 在节目监视器中，用鼠标调整蒙版，将遮罩设置为眼睛的瞳孔部分，在"效果控件"中，将不透明度下的蒙版羽化设置为 20，将"已反转"勾选，如图 6-46 所示。

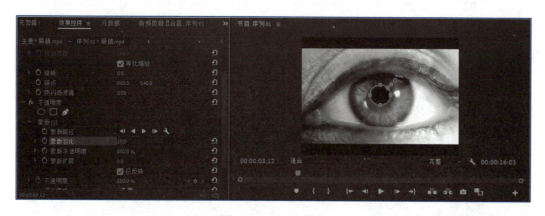

图 6-46　调整蒙版

10. 在"效果控件"中，用鼠标单击"运动"选项，在节目监视器中，用鼠标将锚点调整至眼睛瞳孔的正中心位置，如图 6-47 所示。

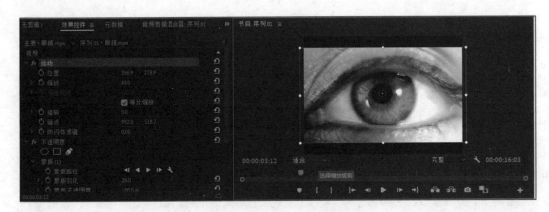

图 6-47　调整锚点位置

11. 将时间指针移动到第 3 秒 04 帧位置，用鼠标选中 V2 轨道上的帧定格素材，在"效果控件"中，单击"缩放"选项前的按钮 打开自动关键帧，设置关键帧，将时间指针移至第 4 秒 04 帧处，在"效果控件"窗口中，设置"缩放"值为 421，生成关键帧，在节目监视器中使瞳孔部分充满整个画面，如图 6-48 所示。

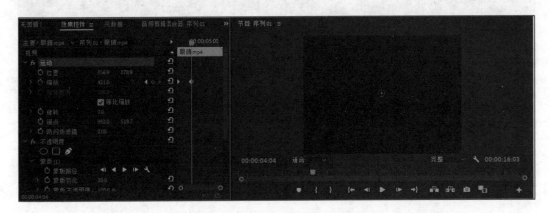

图 6-48　设置瞳孔缩放动画的关键帧

12. 在"效果控件"窗口中，用鼠标选择"缩放"选项生成的两个关键帧，然后右击，在弹出的菜单中将"线性"更改为"贝塞尔曲线"，这样使两个关键帧之间的运动更加平滑，拖动时间指针进行预览，如图 6-49 所示。

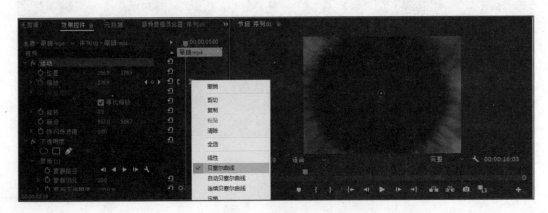

图 6-49　设置关键帧动画的运动模式

13. 在时间轴中，将时间指针拖动至第 0 帧，选中 V2 轨道中的第一段素材，按快捷键 Ctrl+C 进行复制，单击激活 V3 轨道，按快捷键 Ctrl+V 将第一段素材复制到 V3 轨道中，如图 6-50 所示。

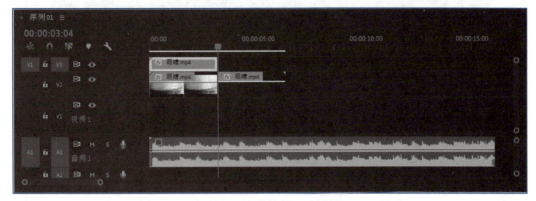

图 6-50　复制 V2 轨道的第一段素材至 V3 轨道

14. 在时间轴中，将时间指针移至第 16 秒 2 帧处，即 A1 轨道上的"伴奏.mp3"素材末尾，选中 V3 轨道上的第一段素材，将素材拖动至 V2 轨道上，使第一段素材的出点与时间指针对齐，与 A1 轨道上的"伴奏.mp3"出点一致，如图 6-51 所示。

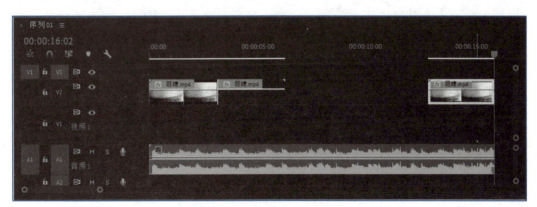

图 6-51　将 V3 轨道上的素材拖至 V2 轨道末尾

15. 选中 V2 轨道末尾的素材，选择"剪辑"→"速度/持续时间"命令，在弹出的"剪辑速度/持续时间"面板中勾选"倒放速度"，将素材播放顺序反转，如图 6-52 所示。

图 6-52　设置"倒放速度"

16. 在 V2 轨道中，选中帧定格素材，用鼠标拖动素材出点至第 12 秒 23 帧，使帧定格素材的出点与末尾素材的入点相接，如图 6-53 所示。

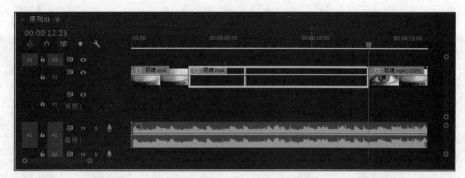

图 6-53 拖动帧定格素材出点与末尾素材入点相接

17. 在时间轴中，将时间指针拖动至第 11 秒 23 帧，在 V2 轨道中，选中帧定格素材，在"效果控件"窗口中，单击"缩放"属性后的"添加/移除关键帧"按钮 添加关键帧，在时间轴中，用鼠标拖动时间指针至第 12 秒 23 帧，选中帧定格素材，在"效果控件"窗口中，将"缩放"属性设置为 100，生成自动关键帧，如图 6-54 所示。

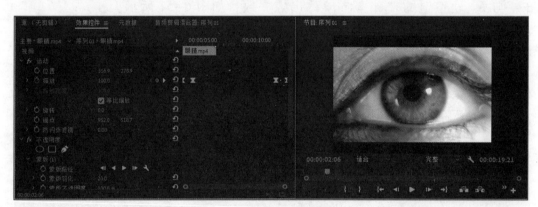

图 6-54 设置缩放动画

18. 用鼠标将项目窗口中的"素材 1.mp4"拖动至时间轴中 V1 轨道上，将"素材 1.mp4"的入点对齐至第 3 秒 04 帧，单击"剪辑"→"取消链接"命令，将"素材 1.mp4"的视频和音频分离，选中 A2 轨道上的"素材 1.mp4"进行删除，如图 6-55 所示。

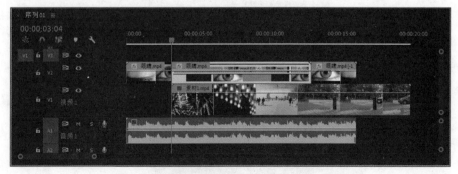

图 6-55 拖动"素材 1.mp4"至 V1 轨道

19. 将时间指针拖动至第 12 秒 23 帧，选中 V1 轨道上的"素材 1.mp4"，在工具面板中选择"剃刀工具"对 V1 轨道上的"素材 1.mp4"进行切割，选中后半部分，按 Delete 键进行删除，如图 6-56 所示。

图 6-56　切割"素材 1.mp4"

20. 在"效果"窗口中，选择"视频过渡"下的"交叉溶解"效果，用鼠标将"交叉溶解"效果拖动至 V1 轨道上"素材 1.mp4"的入点和出点，用鼠标单击 V1 轨道上"素材 1.mp4"上的"交叉溶解"效果，在"效果控件"窗口中将持续时间设置为 5 帧，如图 6-57 所示。

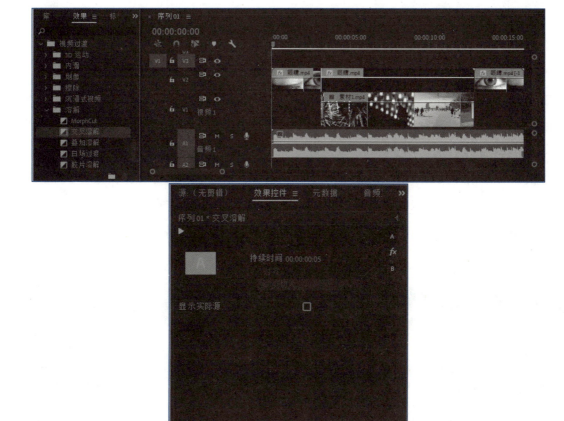

图 6-57　添加设置"交叉溶解"效果

21. 在节目监视器中播放预览最终效果，如图6-39所示。

举一反三

新建一个工程文件，导入素材，然后制作"眼中世界"视频，如图6-58所示。（本任务应用Premiere"剪辑"→"视频选项"→"添加帧定格"命令，绘制素材不透明度蒙版，设置缩放动画。）

图6-58 举一反三——眼中世界效果

任 务 五 电 子 相 册

任务描述

本任务在Premiere中将照片内容进行包装，制作一个立体翻页的电子相册，如图6-59所示。在制作相册的页面部分时，需要处理好封面、封底和内页的包装，这些制作用到了字幕中的模板。在制作相册的翻转动画部分时，应用了"变换"效果、"摄像机视图"效果等，并在3个轨道中完成连续的翻页效果，这也是这个任务的难点。

通过这个任务的制作，可以提高对不同时间线的关系和不同轨道图层间的关系及多段动画设置的控制能力。

图6-59 电子相册实例效果

知识点：使用内置效果制作立体翻页的电子相册。

新建工程文件：

1. 同第一单元任务二的步骤 1 和步骤 2。

2. 输入新建工程文件的名称"电子相册"。

导入素材文件：

3. 选择菜单"编辑"→"首选项"→"时间轴"命令，打开"首选项"对话框，将其中的"静止图像默认持续时间"修改为 125 帧，然后单击"确定"按钮，如图 6-60 所示。

图 6-60　设置图片长度

4. 选择菜单"文件"→"导入"命令，导入素材，在弹出的"导入"对话框中，选择"可爱动物"文件夹，单击"导入文件夹"按钮将其导入项目窗口中。在项目窗口中可以看出文件夹中的图片素材的长度都为 5 秒，如图 6-61 所示。

建立"装饰图片"时间线：

5. 在项目窗口中将序列 01 重新命名为"装饰图片"。

图 6-61　导入文件夹

6. 选择菜单"文件"→"新建"→"颜色遮罩"命令，新建一个颜色遮罩，在打开的"拾色器"对话框中选择颜色为（R:222；G:222；B:222），单击"确定"按钮，然后将其命名为"颜色遮罩"，并从项目窗口中将其拖至时间轴的 V1 轨道中，如图 6-62 所示。

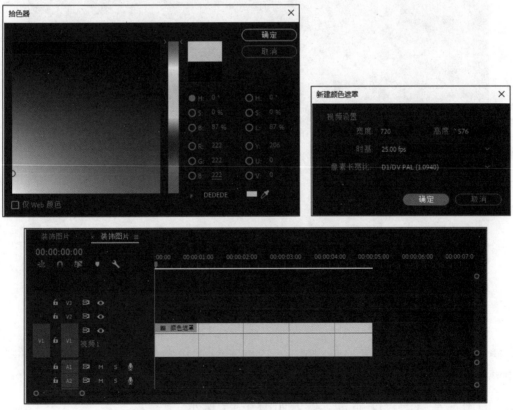

图 6-62　建立白色遮罩并放置到时间线

7. 选择菜单"文件"→"新建"→"旧版标题"命令，新建一个名称为"封面"的字幕文件。将"旧版标题属性"面板下的"背景"勾选，将"背景"下的"材质"选项勾选，单击"材质"后的"选择纹理图像"按钮，在弹出的"选择纹理图像"对话框中选择"封面背景 . tif"，如图 6-63 所示。

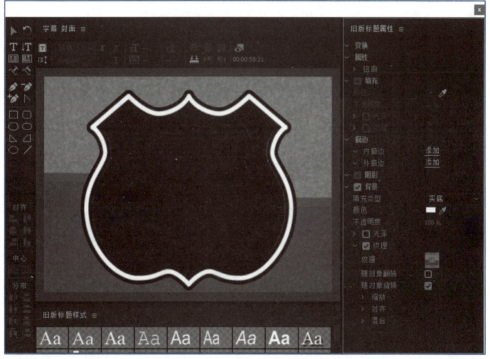

图 6-63　建立"封面"字幕并调用背景材质

8. 将"缩放"下的"水平"调节为 150% ，"垂直"调节为 150% ，然后将"对齐"下的"规则 X"后的选项调节为"中央"，将"规则 Y"后的选项调节为"中央"，如图 6-64 所示。

9. 在工具栏中选择"路径文字工具" ，建立一个路径文字，输入"可爱动物"，字体设置为黑体，字体大小设置为 70，填充类型设置为线性渐变，在"色彩到色彩"中设置左侧的颜色按钮为（R:24；G:50；B:164），右侧的颜色按钮为（R:10；G:224；B:201），在

"描边"选项下添加外描边，设置类型为"深度"，大小为10，将文字放在画面的中上部，如图6-65所示。

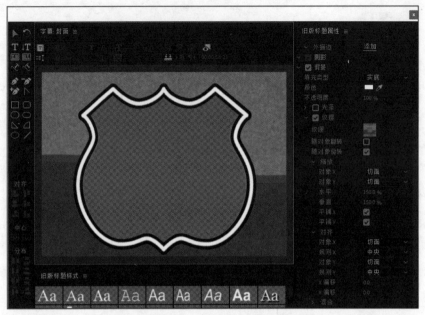

图6-64 调整模板图形

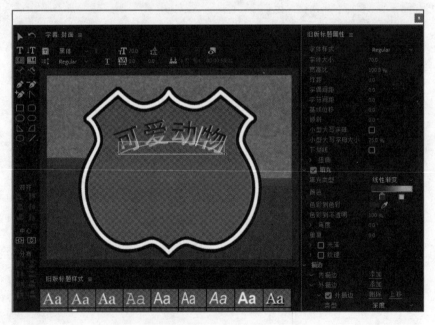

图6-65 建立文字"可爱动物"

10. 再在工具栏中选择"文字工具" T 建立一行文字，输入"电子相册"，字体设置为黑体，字体大小设置为90，如图6-66所示。

11. 再建立一个封底，在当前字幕窗口中单击"基于当前字幕新建字幕" ，在"新建字幕"对话框中命名为"封底"。删除上面的路径文字，并将下面的文字修改为"END"，将其放置在中部合适的位置，如图6-67所示。

图 6-66　建立文字"电子相册"

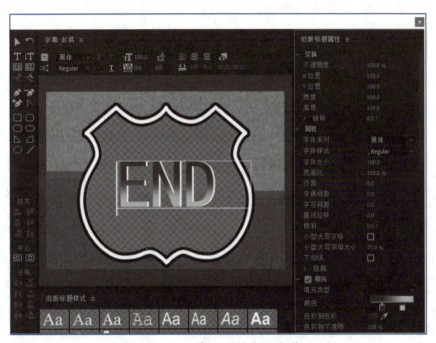

图 6-67　建立"封底"字幕

12. 在项目窗口中选择"封面""DW1.jpg"～"DW8.jpg"及"封底",将其拖至时间轴"装饰图片"的 V2 轨道中,并将 V1 轨道中遮罩的长度与 V2 轨道中的素材对齐。可以在各个图片之间的连接处,在时间标尺上添加标记点,将"DW1.jpg"～"DW8.jpg"的画面尺寸缩放比例缩小为 85%,如图 6-68 所示。

装饰图片:

13. 利用 Premiere 软件的"旧版标题"工具绘制图形,为动物图片添加相应的装饰。在时间轴面板中,将时间指针移至"DW1.jpg"的位置上,选择菜单"文件"→"新建"→"旧版标题"命令，新建一个名称为"装饰1"的字幕，打开字幕窗口。

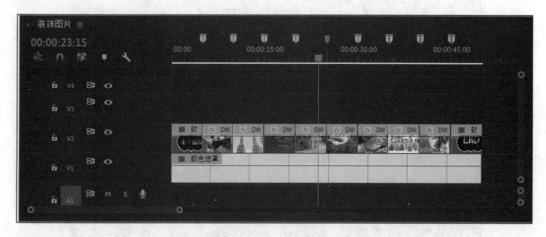

图 6-68　放置素材

14. 将字幕窗口的"显示背景视频" 按钮激活，在工具栏中选择"钢笔工具" ✎进行图形绘制，在"旧版标题属性"面板中，将"属性"下的"图形类型"设置为"填充贝塞尔曲线"，将"填充"下的"填充类型"设置为四色渐变，在"色彩到色彩"中设置左上的颜色按钮为（R:237；G:233；B:0），左下的颜色按钮为（R:158；G:53；B:0），右上的颜色按钮为（R:226；G:115；B:0），右下的颜色按钮为（R:255；G:192；B:70），在"描边"选项下添加内描边，设置类型为"边缘"，大小为 3.6，如图 6-69 所示。

图 6-69　建立"装饰1"字幕并进行图形绘制

15. 在字幕窗口中对绘制的图形进行适当的调整，然后选中图形，按快捷键 Ctrl+C 复制后，按 Ctrl+V 键粘贴，在"旧版标题属性"面板中，调整新图形位置，X 位置：394.8，Y位置：39.6，调整旋转值为180°，使复制的图形居于字幕窗口画面上部，如图 6-70 所示。

图6-70　调整模板

16. 从项目窗口中将"装饰1"拖至"装饰图片"时间轴中的V3轨道中，并在其"效果控件"窗口中将其"运动"下的"缩放比例"设置为85，与下面的动物图片的大小一致，如图6-71所示。

图6-71　放置"装饰1"字幕并调整大小

17. 再将时间指针移至其他的动物画面上，新建字幕装饰图片。这里在"DW3.jpg"上建立字幕"装饰2"，使用钢笔工具在画面中绘制不同的装饰图形，对图形的形状进行适当调整，将画面底部图形"填充"下的"填充类型"设置为四色渐变，在"色彩到色彩"中设置左上的颜色按钮为（R:97；G:29；B:0），左下的颜色按钮为（R:151；G:51；B:0），右上的颜色按钮为（R:0；G:3；B:52），右下的颜色按钮为（R:11；G:0；B:93），将画面顶部图形"填充"下的"填充类型"设置为四色渐变，在"色彩到色彩"中设置左上的颜色按钮为（R:233；G:171；B:0），左下的颜色按钮为（R:176；G:30；B:0），右上的颜色按钮为（R:206；G:105；B:0），右下的颜色按钮为（R:255；G:254；B:89），将内描边大小设置为5.9。然后从项目窗口中将"装饰2"拖至V3轨道中，并将其缩放比例设置为85，与下面的动物图片的大小一致，如图6-72所示。

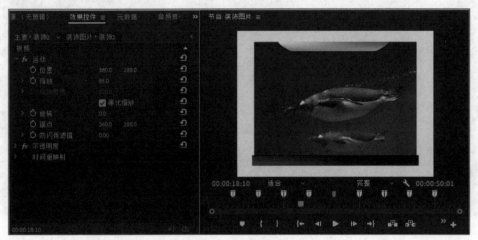

图6-72　建立"装饰2"并调整大小

18. 继续新建字幕装饰图片。这里在"DW6.jpg"上建立字幕"装饰3"，使用钢笔工具在画面中绘制装饰图形，对图形的形状进行适当调整，将图形"填充"下的"填充类型"设置为四色渐变，在"色彩到色彩"中设置左上的颜色按钮为（R:0；G:0；B:124），左下的颜色按钮为（R:151；G:199；B:255），右上的颜色按钮为（R:255；G:148；B:164），右下的颜色按钮为（R:143；G:124；B:0），如同建立"装饰1"图形一样，为图形设置描边，对图形的位置进行复制并适当调整。然后从项目窗口中将"装饰3"拖至V3轨道中，并将其缩放比例设置为85，与下面的动物图片的大小一致，如图6-73所示。

图6-73　建立"装饰3"并调整大小

19. 在时间轴中，"DW1.jpg"到"DW2.jpg"上添加"装饰1"，"DW3.jpg"到"DW5.jpg"

上添加"装饰2"，"DW6.jpg"到"DW8.jpg"上添加"装饰3"，如图6-74所示。

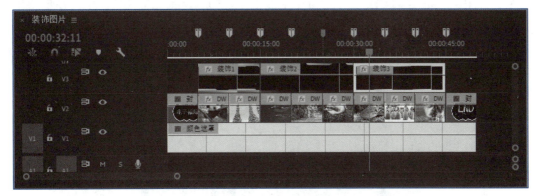

图6-74　放置"装饰1""装饰2"和"装饰3"

建立"翻动相册"时间轴：

20. 选择菜单"文件"→"新建"→"序列"命令，新建一个序列，命名为"翻动相册"。

21. 从项目窗口中将"装饰图片"移到"翻动相册"时间轴窗口的V1轨道中，将其选中，然后选择菜单"素材"→"取消链接"命令，将其音视频分离，再删除音频部分，如图6-75所示。

图6-75　放置素材并删除音频部分

22. 选中V1轨道中的视频，按快捷键Ctrl+C复制，然后单击V2轨道，按快捷键Ctrl+V粘贴，再单击V3轨道，按快捷键Ctrl+V粘贴。这样在3个视频轨道中都放置"装饰图片"视频。

23. 单击启用 V2 轨道的锁定图标，同时选中 V1 和 V3 轨道，在每个 5 秒所在的标记点处依次按快捷键 Ctrl+K 分割开，如图 6-76 所示。

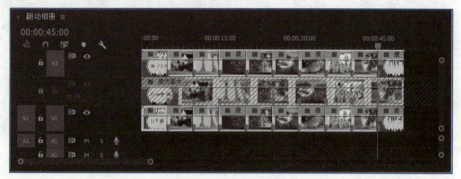

图 6-76　复制并分割素材

24. 取消 V2 轨道的锁定状态，将 V2 轨道中的"装饰图片"的入点移至第 7 秒处。锁定 V1、V2 轨道，用工具面板中的"向前选择轨道工具" 将 V3 轨道中的素材整体移动，使其入点位于第 5 秒处。然后在工具面板中再次选取"选择工具" ，解除 V1、V2 轨道锁定，如图 6-77 所示。

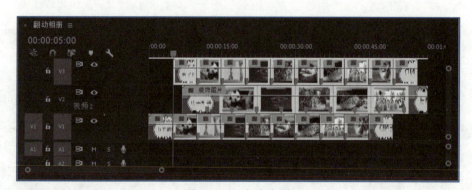

图 6-77　移动素材

设置翻动相册动画：

25. 打开"效果"窗口，展开"视频效果"下的"扭曲"，从中将"变换"拖至时间轴的 V1 轨道中的第 1 段素材，如图 6-78 所示。

图 6-78　添加"变换"

26. 在时间轴中选中 V1 轨道中的第一段素材，在其"效果控件"窗口中对"变换"进行适当的设置。将锚点设为（0，288），将缩放高度设为 50，将缩放宽度设为 50，如图 6-79 所示。

图 6-79 设置"变换"

27. 在"效果"窗口，展开"视频效果"下的"预设"，从中再将"摄像机视图"拖至时间轴中 V1 轨道中的第 1 段素材，如图 6-80 所示。

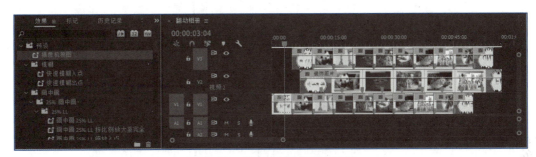

图 6-80 添加"摄像机视图"

28. 在时间轴中选择 V1 轨道中的第一段素材，在其"效果控件"窗口中对"摄像机视图"进行适当的设置。将纬度设置为 330，将滚动设置为 10，将距离设置为 50，如图 6-81 所示。

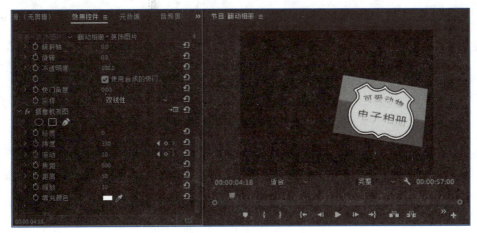

图 6-81 设置"摄像机视图"

提个醒

此效果需要单击 ▽ *fx* 摄像机视图　　　　　　　　　　　　 ◄回 ↻ 中的设置按钮，出现"摄像机视图设置"对话框，将"填充 Alpha 通道"前面系统默认的勾选去掉。

29. 在"效果控件"窗口中选中第一段素材的"变换"和"摄像机视图"这两个效果，按快捷键 Ctrl+C 复制，再选中 V1 轨道中剩余的其他素材段，按快捷键 Ctrl+V 粘贴。这样使这些素材都具有相同的效果。可以暂时关闭 V2 和 V3 轨道的显示，查看粘贴后的效果，如图 6-82 所示。

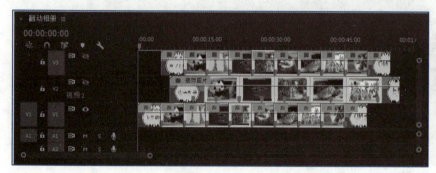

图 6-82　复制效果

30. 再将这两个效果粘贴到 V2 轨道中的素材和 V3 轨道中的第 1 段素材上，使这些素材都具有相同的效果。

31. 打开 V2 和 V3 轨道的显示，选中 V3 轨道中的第 1 段素材，在其"效果控件"窗口中对其进行动画设置。将时间指针移至这段素材的入点，即第 5 秒处，单击打开"摄像机视图"下经度前面的码表，记录动画关键帧，当前经度为 0，如图 6-83 所示。

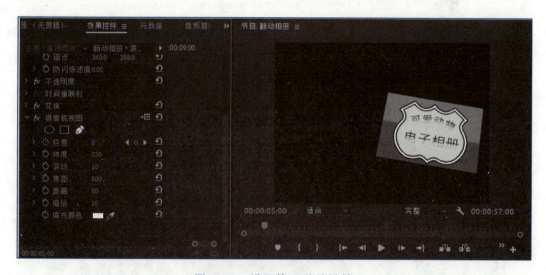

图 6-83　设置第 5 秒关键帧

32. 将时间指针移至第 7 秒处，将经度设置为 180，这样图片被翻转到左侧，如

图 6-84 所示。

图 6-84　设置第 7 秒关键帧

33. 预览效果，在时间轴中选择 V2 轨道中的素材，在其"效果控件"窗口中将其"摄像机视图"下经度设置为 180，如图 6-85 所示。

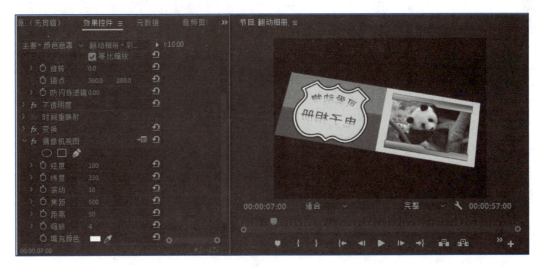

图 6-85　设置"摄像机视图"下经度为 180

34. 播放预览动画效果，已经制作好第一个翻页效果，如图 6-86 所示。

图 6-86　第一个翻页效果

35. 选中 V3 轨道中的第 1 段素材的"变换"和"摄像机视图"这两个效果，按快捷键 Ctrl+C 复制，再选中 V3 轨道中剩余的其他素材段，按快捷键 Ctrl+V 粘贴。这样使这些素材都具有相同的效果，如图 6-87 所示。

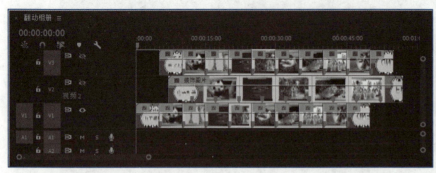

图 6-87　复制效果

设置封面内侧的空白页：

36. 为封面的内侧设置一个空白页。在项目窗口中将"颜色遮罩"拖至时间轴窗口中 V3 轨道上方的空白处时，会自动将其放置在添加的 V4 轨道中。将"颜色遮罩"与 V3 轨道中的第一段素材对齐，如图 6-88 所示。

图 6-88　放置颜色遮罩

37. 选中 V3 轨道中第 1 段素材的"变换"和"摄像机视图"这两个效果，按快捷键 Ctrl+C 复制，再选中 V4 轨道中的"颜色遮罩"，按快捷键 Ctrl+V 粘贴。这样使这两段素材具有相同的动画效果，如图 6-89 所示。

38. 移动时间指针的同时预览效果，在 V3 轨道中第一段素材即相册封面翻转到显示内页时，这里为第 6 秒处，将"颜色遮罩"剪切开，并删除剪切点前面的部分。这样在第 5 秒至第 10 秒之间的翻页过程中，封页翻转后显示出白色的内侧页，如图 6-90 所示。

39. 预览动画效果在 10 秒之后，V2 轨道中的素材又显示出封面画面，可以将其在 12 秒之前的部分剪切掉，然后从项目窗口中将"颜色遮罩"拖至 V2 轨道中放置在被剪切掉的 10 秒到 12 秒之间。

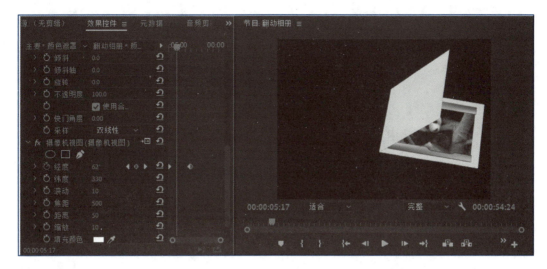

图 6-89　复制效果

图 6-90　剪辑翻页素材

40. 选中 V2 轨道 "装饰图片" 素材的 "变换" 和 "摄像机视图" 这两个效果，按快捷键 Ctrl+C 复制，再选中 V2 轨道中的 "颜色遮罩"，按快捷键 Ctrl+V 粘贴。这样使这两段素材具有相同的动画效果。这样制作完有白色内侧页的封面翻页动画，如图 6-91 所示。

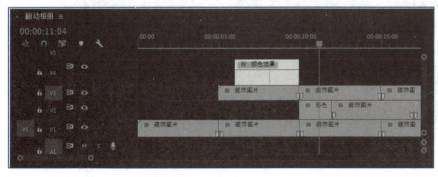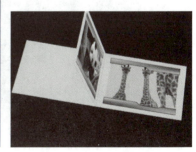

图 6-91　复制效果

设置封底的背面：

41. 在翻页到最后的封底时，可以看到封底页的内侧有文字和图像，封底页的外侧文字左右颠倒，如图 6-92 所示。

图 6-92　封底文字和图像

42. 对封底进行设置，使其内侧为空白页，并修正外侧文字的方向。先设置内侧空白页。在时间轴中删除 V1 轨道中最后一段素材，从项目窗口中将"颜色遮罩"拖至时间轴窗口中 V1 轨道中被删除的最后一段素材处，长度与原最后一段素材相同，如图 6-93 所示。

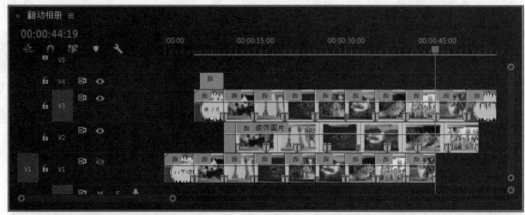

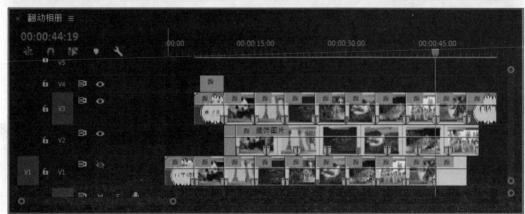

图 6-93　放置颜色遮罩

43. 选中 V1 轨道中其他素材的"变换"和"摄像机视图"这两个效果，按快捷键 Ctrl+C 复制，再选中 V1 轨道中的"颜色遮罩"，按快捷键 Ctrl+V 粘贴。这样使其具有相同的动画效果，如图 6-94 所示。

44. 再从项目窗口中将"颜色遮罩"拖至时间轴的 V4 轨道中，在时间轴的 V3 轨道中的最后一段素材之上，并与其对齐，如图 6-95 所示。

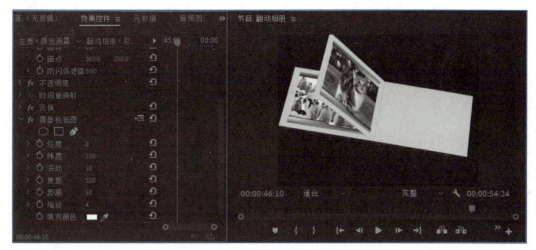

图 6-94　复制效果

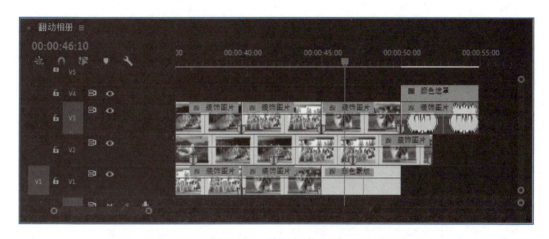

图 6-95　放置颜色遮罩

45. 选择 V3 轨道中素材的"变换"和"摄像机视图"这两个效果，按快捷键 Ctrl+C 复制，再选中 V4 轨道中最后的"颜色遮罩"，按快捷键 Ctrl+V 粘贴。这样使其具有相同的动画效果，如图 6-96 所示。

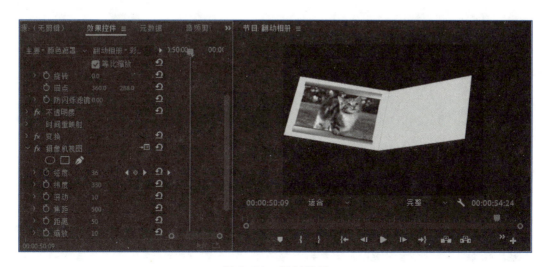

图 6-96　复制效果

46. 播放并查看动画效果，在封底翻转至左侧时，需要显示文字和图像，可以在时间轴中将 V4 轨道中的"颜色遮罩"在第 51 秒之后的部分删除，如图 6-97 所示。

图 6-97　剪辑翻页素材

47. 最后对封底外侧图像中左右颠倒的文字进行处理。打开"装饰图片"时间轴，从"效果"窗口中展开"视频效果"下的"透视"，将"基本 3D"拖至时间轴的 V2 轨道的最后一段素材上，如图 6-98 所示。

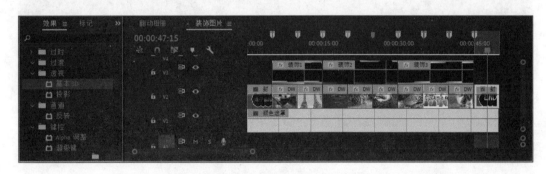

图 6-98　添加"基本 3D"

48. 然后在其"效果控件"窗口中将"基本 3D"下的旋转设置为 180°，如图 6-99 所示。

图 6-99　设置旋转

49. 再回到"翻动相册"时间轴窗口，播放预览最后部分的动画效果，文字的方向已经修正，这样制作完有白色内侧页的封底翻页动画，如图 6-100 所示。

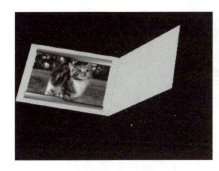

图 6-100　封底翻页动画

设置封面和封底的位移动画：

50. 在"翻动相册"时间轴窗口中选择 V1 轨道中的第 1 段素材，展开其"效果控件"窗口中的"变换"和"摄像机视图"，将时间指针移至第 4 秒处，单击打开"变换"下锚点和"摄像机视图"下纬度及滚动前面的码表，记录动画关键帧，当前数值不变，如图6-101所示。

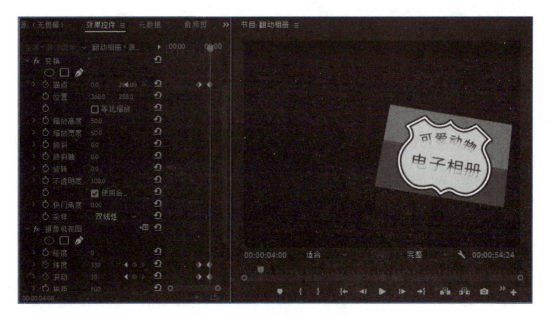

图 6-101　设置第 4 秒关键帧

51. 将时间指针移至第 3 秒处，将"变换"下锚点设置为（360，288），将"摄像机视图"下纬度设置为 360，垂直滚动设置为 0，如图 6-102 所示。

52. 播放预览动画，居中的相册向右侧移动，并旋转一个倾斜的角度。

53. 在"翻动相册"时间轴窗口中选择 V3 轨道中的最后一段素材，展开其"效果控件"窗口中的"变换"和"摄像机视图"，将时间指针移至第 52 秒 01 帧处，单击打开"变换"下"锚点"和"摄像机视图"下纬度及滚动前面的码表，记录动画关键帧，当前数值不变，如图6-103所示。

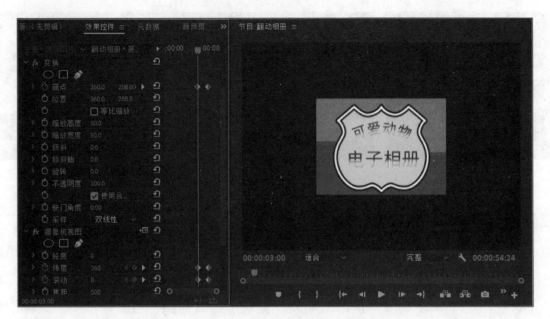

图 6-102 设置第 3 秒关键帧

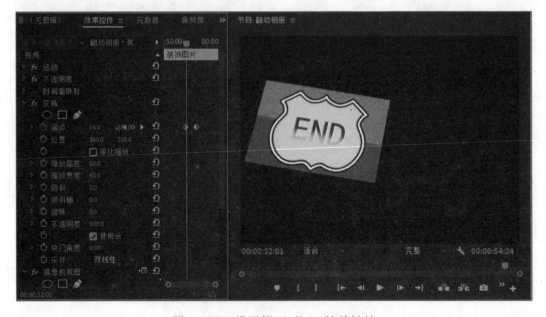

图 6-103 设置第 52 秒 01 帧关键帧

54. 在时间轴中将 V2 轨道中的素材在第 52 秒 01 帧之后的部分删除掉，如图 6-104 所示。

55. 选择 V3 轨道，将时间指针移至第 53 秒处，将"变换"下锚点设置为（360，288），将"摄像机视图"下纬度设置为 360，滚动设置为 0，如图 6-105 所示。

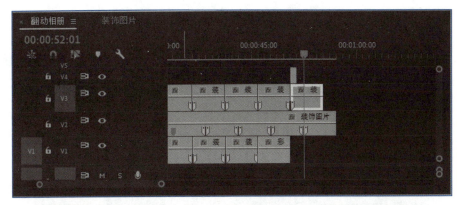

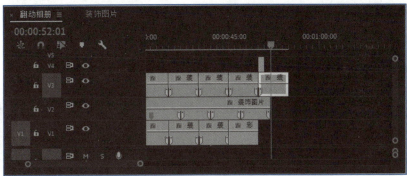

图 6-104　删除第 52 秒 01 帧后素材

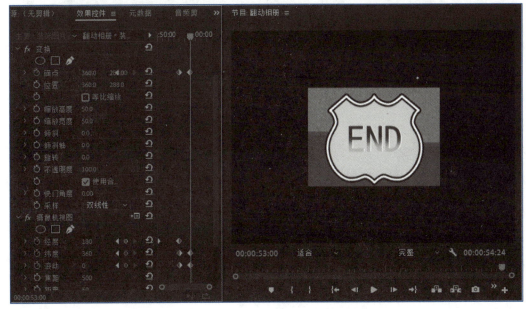

图 6-105　设置第 53 秒关键帧

提个醒

　　这里将纬度旋转角度设置为 360°，而不是设置为 0°。是因为如果设置为 0°，将会出现一个从 330°开始经过 300°、180°、90°到 0°的旋转动画，这不是需要的效果。设置为 360°，会产生从 330°开始经过 340°、350°到 360°的动画。

56. 播放预览动画，在右侧的相册向中部移动，并将倾斜的角度转正。

建立"可爱动物"时间轴：

57. 选择菜单"文件"→"新建"→"序列"命令，新建一个时间轴，命名为"可爱动物"。

58. 先制作一个背景图。选择菜单"文件"→"新建"→"旧版标题"命令，新建字幕，将其命名为"背景图"，打开字幕窗口。

59. 将"旧版标题属性"面板下的"背景"勾选，将"背景"下的"纹理"选项勾选，单击"纹理"后的"选择纹理图像"按钮，在弹出的"选择纹理图像"对话框中选择"封底背景.png"，单击"打开"按钮，如图6-106所示。

图6-106　制作背景图

60. 从项目窗口中将"背景图"拖至"可爱动物"时间轴的V1轨道中，将"翻动相册"拖至时间轴的V2轨道中。选中"翻动相册"，选择菜单"素材"→"解除链接"命令，将其音视频分离，然后单独选中其音频部分将其删除，如图6-107所示。

61. 在时间轴中选择"翻动相册"，在其"效果控件"窗口中展开其"运动"，将时间指针移至第3秒处，单击打开位置和缩放比例前面的码表，记录动画关键帧，当前为默认值不变。

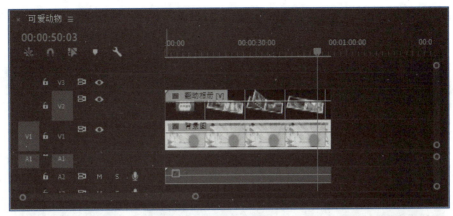

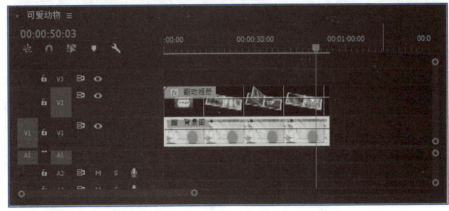

图 6-107 分离音视频

62. 将时间指针移至第 4 秒处，将位置设为（120，260），将缩放比例设为 160。

63. 将时间指针移至第 45 秒处，在位置和缩放比例右侧分别单击"添加/移除关键帧"按钮添加关键帧，将位置设为（120，260），将缩放比例设为 160。

64. 将时间指针移至第 5 秒 10 帧处，将位置设为（360，260），将缩放比例设为 100，如图 6-108 所示。

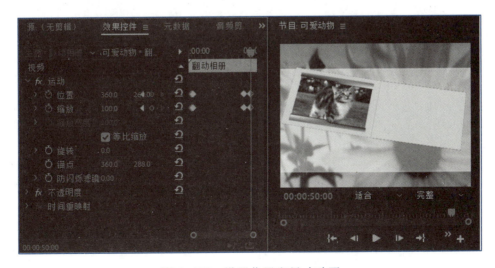

图 6-108 设置位置和尺寸动画

65. 播放预览动画效果，相册首先停在屏幕中部，然后放大并翻动相册，最后恢复缩小至屏幕中部，如图 6-109 所示。

图 6-109　预览动画效果

新建一个工程文件，导入风景素材图片文件，使用本任务的方法，制作风景电子相册。（本任务使用 Premiere 制作电子相册，包括：使用"文件"→"新建"→"旧版标题"创建封面，单击菜单"字幕"→"模板"命令，打开"模板"对话框，从中展开"字幕设计器预设"装饰图片，应用"效果"窗口中的"视频效果"→"扭曲"→"变换"命令，"视频效果"→"预设"→"摄像机视图"命令制作效果，使用颜色遮罩创建翻页内部空白页，然后应用"效果"窗口中的"视频效果"→"透视"→"基本 3D"命令设置封底。）

防伪查询说明

用户购书后刮开封底防伪涂层，利用手机微信等软件扫描二维码，会跳转至防伪查询网页，获得所购图书详细信息。也可将防伪二维码下的20位密码按从左到右、从上到下的顺序发送短信至106695881280，免费查询所购图书真伪。

反盗版短信举报

编辑短信"JB，图书名称，出版社，购买地点"发送至10669588128

防伪客服电话

（010）58582300

学习卡账号使用说明

一、注册/登录

访问 http://abook.hep.com.cn/sve，点击"注册"，在注册页面输入用户名、密码及常用的邮箱进行注册。已注册的用户直接输入用户名和密码登录即可进入"我的课程"页面。

二、课程绑定

点击"我的课程"页面右上方"绑定课程"，正确输入教材封底防伪标签上的20位密码，点击"确定"完成课程绑定。

三、访问课程

在"正在学习"列表中选择已绑定的课程，点击"进入课程"即可浏览或下载与本书配套的课程资源。刚绑定的课程请在"申请学习"列表中选择相应课程并点击"进入课程"。

如有账号问题，请发邮件至：4a_admin_zz@ pub. hep. cn。

四季变换(第二单元任务一效果图)

 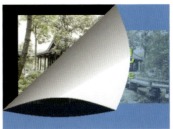 

风景画册(第二单元任务二效果图)

自定义转场(第二单元任务三效果图)

卷轴古画(第二单元任务四效果图)

多层转场特效(第二单元任务五效果图)

画中画(第二单元任务六效果图)

色彩调节(第三单元任务一效果图)

画面变形(第三单元任务二效果图)

青山倒影(第三单元任务三效果图)

变色背景(第三单元任务四效果图)

水墨画（第三单元任务五效果图）

马赛克（第三单元任务六效果图）

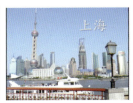

简单字幕（第五单元任务一效果图）

滚动字幕（第五单元任务二效果图）

字幕样式（第五单元任务三效果图）

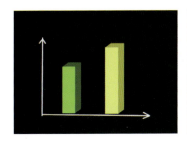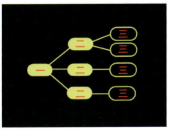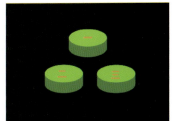

图形（第五单元任务四效果图）

倒计时器（第六单元任务一效果图）

VR 视频（第六单元任务二效果图）

 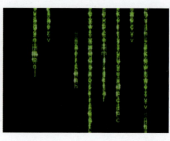 

文字雨幕（第六单元任务三效果图）

眼中世界（第六单元任务四效果图）

电子相册（第六单元任务五效果图）